西佘山远景

佘山天文台大门

上海天文博物馆开馆典礼

上海天文博物馆藏书室

国际经度联测纪念碑

中国科学院上海天文台大门

中国科学院上海天文台成立 60 周年台庆

上海
天文博物馆
巡礼

主编　张建卫　侯金良

上海科技教育出版社

图书在版编目（CIP）数据

上海天文博物馆巡礼/张建卫,侯金良主编.—上海：
上海科技教育出版社,2022.12
ISBN 978-7-5428-7843-4

Ⅰ.①上… Ⅱ.①张… ②侯… Ⅲ.①天文馆—概况
—上海 Ⅳ.①P1-28

中国版本图书馆CIP数据核字（2022）第188986号

责任编辑　吴　昀
封面设计　符　劼

上海天文博物馆巡礼
主编　张建卫　侯金良

出版发行　上海科技教育出版社有限公司
　　　　　（上海市闵行区号景路159弄A座8楼　邮政编码201101）
网　　址　www.sste.com　　www.ewen.co
经　　销　各地新华书店
印　　刷　上海商务联西印刷有限公司
开　　本　787×1092　1/16
印　　张　15.25
插　　页　2
版　　次　2022年12月第1版
印　　次　2022年12月第1次印刷
书　　号　ISBN 978-7-5428-7843-4/N·1165
定　　价　58.00元

《上海天文博物馆巡礼》编委会

顾　问

叶叔华

指导专家

阎林山　何妙福　刘鹏远　姚保安

主　编

张建卫　侯金良

副主编

李之方　李玉棠

编　委

（以姓氏笔画为序）

毛亚庆　李之方　李玉棠

陆荣贵　侯金良　唐正宏

钱汝虎　郭盛炽　张建卫

谨以此书献给：

中国科学院上海天文台成立 60 周年（1962—2022）

佘山天文台建立 122 周年（1900—2022）

徐家汇天文台建立 150 周年（1872—2022）

目 录

序 一

　　科学史研究的奠基人萨顿（George Sarton）曾经说过："科学史是唯一可以反映人类进步的历史。"人类社会正是凭借着科学技术的阶梯，一步一步地攀登上世界文明的高峰。具有悠久历史的中华民族曾以古代的四大发明在世界文明史上写下了光辉的篇章，在相当长的历史时期内创造过灿烂的文化，在科学技术领域也一度走在世界的前列。但在封建社会的后期，科学技术停滞不前，远远落后于当时处于资本主义上升阶段的西方。落后就会挨打，中国的一批有识之士清醒地认识到这个道理，他们积极推动学习西方先进科学技术，把振兴民族的希望寄托在科学技术水平的提高上。我国的近代科学就是在这样的背景下诞生和发展起来的，在天文科技领域也是如此。我们回顾历史，可以客观地了解当时中华民族在世界文明发展史中的作为，了解有关历史人物在当时发挥的作用，更可通过对中国近现代天文学的发展规律的研究，为今后科学事业的发展总结经验和教训，这肯定是大有裨益的。

　　当然，近现代天文学的发展只是人类文明史的一个片段，上海天文博物馆所反映的不过是沧海中的一粟。尽管如此，它仍以丰富翔实的内容、琳琅满目的展品反映了深沉厚重的历史内涵，吸引着人们好奇的目光。

　　中国科学院上海天文台的历史可以追溯到徐家汇天文台和佘山

天文台的建立，它们先后在 1872 年和 1900 年由法国天主教耶稣会人士筹建，从而开创了上海近现代天文学发展的历史，成为中国近现代天文学的发源地之一。应该承认，在相当长的一段时间内，一些来自西方的科学家（绝大部分为宗教界人士）在其中发挥了主导作用，他们兢兢业业为天文科技事业的发展作出的贡献是值得肯定的。上海天文博物馆也客观地反映了这段历史。

中华人民共和国的成立为上海现代天文学的迅速发展提供了许多条件和机会。中国科学院上海天文台成立后，几代科研人员团结奋斗、探索前进，更新了原有的科研设备，取得了一系列令人瞩目的科研成果和前所未有的重大成就。同时，普及科学知识、宣传科学思想、传播科学方法和弘扬科学精神，从而提高全民的科学素质也是广大天文科技工作者责无旁贷的职责。此前，上海天文台就曾在天文科普方面做过十分出色的工作，尤其是佘山工作站在对社会开放的过程中积极普及天文科学知识，与社会共建科普基地，作出很大的努力。在上海市政府的直接领导下，上海市科委、市文管会和松江区政府给予了大力支持和指导，建成了上海天文博物馆，为坚持科学普及的良好传统搭建了一座全新的科普平台。上海天文博物馆必将在树立和落实科学发展观，完成新世纪新阶段的历史任务中，助力上海天文台的科研人员作出更大的贡献。

在上海天文博物馆建成后，众多参观者反映：展出的内容虽然十分丰富，但空间终究有限，又找不到相关的资料，常有意犹未尽之感。为解决这个问题，编著一本介绍上海天文博物馆的书就十分必要了。今天，我们终于看到这本《上海天文博物馆巡礼》。它图文并茂，收集了不少历史资料和图片，并且叙述尽可能做到全面详尽，力求深入浅出地普及天文基础知识，相信能够对展览给予较为完整的概括和补充，也可作为参观上海天文博物馆的纪念品。

我愿意借此机会表达自己的期望：祝愿上海天文博物馆百尺竿头更进一步，越办越好，也期盼《上海天文博物馆巡礼》一书能得到广大观众和读者的喜爱。

叶叔华

中国科学院院士

中国天文学会名誉理事长

中国科学院上海天文台名誉台长

上海市科普基金会名誉理事长

上海市科普教育基地联合会名誉顾问

2022 年 10 月 8 日

序 二

《上海天文博物馆巡礼》一书终于能够与读者见面了。上海天文博物馆建于 2004 年，在建设后期，上海天文台有关部门就酝酿撰写和出版这本科普书籍。经过近 10 个月的资料收集整理和精心撰写，于 2005 年 11 月完成了约 6 万字的初稿，并通过上海科技教育出版社的初审，制定了出版计划。但由于种种原因，一眨眼十多年过去了，该书一直未能如愿问世。

2020 年新冠肺炎流行期间，我偶然打开了被搁置多年的 U 盘，《上海天文博物馆巡礼》的书稿赫然在目。重温这份书稿，上海近现代天文学发展的历史脉络依稀就在眼前。联想到 2004 年上海市实施科普实事工程，当年首批建设了十家科普场馆，至今没有一家出版过相应的科普书籍。于是，在上海天文台领导的支持下，我和毛亚庆、钱汝虎等参与建馆的人员相约，在盛夏重聚佘山，故地重游，感慨万千。回顾当年建馆期间曾触摸到佘山天文台近一百二十年的历史脉搏，也看到几代天文学家为事业历尽坎坷，他们付出的心血和努力却未能完全得到真实反映，我们不免都想尽快将这份书稿整理后公之于世。

虽然十几年过去了，但上海天文博物馆的整体布局并没有很大改变（有小部分展项已重新布展），依然能客观地展示上海近现代天文学发展的历史，体现上海天文台台训"精勤司天，诚信修文"的精神，展示相应的科研成果，实践着尊重历史、还原历史的初衷，这与书稿中的有关内容并无出入,这本尘封多年的书稿还是具有出版价值的。因此,我又约当年参与建馆的毛亚庆、李之方、李玉棠、钱汝虎、郭盛炽、姚保安等老同志对书稿重新进行了整理、修改和补充,挖掘了更多的人文故事,增添了天文科学知识内涵,尽可能做到图文并茂,以保证书稿的趣味性和可读性,希望读者能够喜欢。

春华秋实。《上海天文博物馆巡礼》一书的出版离不开来自各方面的支持与全体编辑人员的努力,尤其是得到了上海天文台领导的关心与支持,才得以面世。我和全体参与编写的同仁对此表示诚挚的感谢。

谨以此书献给为上海近现代天文学事业的发展作出无私奉献的人们。

张建卫

2022 年 10 月 8 日

　　1900 年，法国天主教耶稣会在上海西南郊的西佘山之巅创办了佘山天文台，其主楼矗立在建于 1873 年的小天主教堂东侧，是一幢 19 世纪晚期风格的法式建筑（图 1）。主楼东西长 68 米，南北宽 18 米，整个建筑由东向西横卧在佘山顶上。这幢精巧雅致的楼房不仅结构坚固，而且拥有极其丰富的科学文化特色。主楼虽然饱经沧桑，但总体上仍然保持了原貌，2002 年被上海市人民政府（以下简称市政府）列为市级文物保护单位（图 2）。2004 年，上海市文物管理委员会（以下简称市文管会）对主楼进行了整体修缮，基本重现了 20 世纪初佘山天文台的风貌（图 3）。

图 1　佘山天文台主楼（摄于 1900 年）

图2 上海市文物保护单位铭牌

中国科学院上海天文台(以下简称上海天文台)的前身是创建于1872年的徐家汇天文台和创建于1900年的佘山天文台。1949年中华人民共和国成立后,由上海市军事管制委员会(以下简称市军管会)、中国科学院(以下简称中科院)等组成的"徐家汇及佘山天文气象管理委员会"接管了徐家汇天文台和佘山天文台。1950年12月11日,市军管会发布文件(图4),委派李亚农、陈宗器、吕东明等为正

图3 2004年整修后的佘山天文台主楼

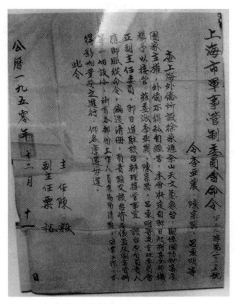

图4 上海市军事管制委员会文件

副主任委员办理接管事宜。1954年6月4日,徐家汇、佘山两天文台归中国科学院紫金山天文台(以下简称紫金山天文台)主管,更名为徐家汇观象台和佘山观象台。1962年8月14日,中科院发布文件,决定将徐家汇观象台、佘山观象台合并,成立中国科学院上海天文台。原徐家汇观象台为本部,下设时间纬度和时间频率标准两个研究室;原佘山观象台则为佘山部分,设立照相天体测量和天体力学两个研究室。李珩任上海天文台首任台长。1980年,中国科学院上海天文台的佘山部分正式更名为"中国科学院上海天文台佘山工作站"(为便于叙述,本书中称其为"佘山天文台")。

上海天文台在从事科学研究的同时,历任领导都十分重视天文学的普及工作,逐渐形成了一个良好的传统。当年的李珩台长、万籁副台长等都十分热心于天文科普工作,亲自撰写和出版了许多科普文献。1987年3月,为充分发挥科研资源服务社会的作用,佘山天文台开始面向社会公众开放,让广大市民接触和了解天文学,成为全国性的天文科普教育基地之一。

1996年,为全面贯彻落实上海"科教兴市"战略,上海市委宣传部、上海市科学技术委员会(以下简称市科委)、上海市教育委员会(以下简称市教委)、上海市科学技术协会(以下简称市科协)等共同

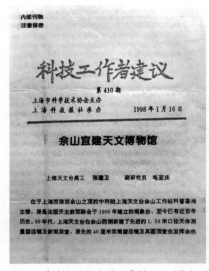

图5 《科技工作者建议》第410期内刊

发起了科普"四个一百"工程的创建工作,即在《上海"九五"科普发展规划》中提出的上海科普工作目标:在"九五"期间全市创建一百个科普居委会(村)、一百个科技教育特色学校、一百个科普教育基地,创作一百部优秀科普影视作品。1997年5月,佘山天文台被命名为第一批上海市科普教育基地。为进一步挖掘天文历史资源,促进中西科技文化交流,更好地弘扬科学精神,1998年1月16日,上海天文台的张建卫、毛亚庆两位科研人员和《上海科技报》的记者钱汝虎在市科协主办的《科技工作者建议》内刊(图5)上,首次提出了在佘山天文台原址的基础上建立"上海天文博物馆"的建议,并得到社会各界广泛的关注和支持。经过上海天文台全体同仁的努力,在市科委、市文管会的支持下,"上海天文博物馆"于2003年12月正式立项,2004年3月被列为上海市政府的科普实事工程,并于2004年11月建成。

2004年11月16日下午3时30分,在佘山上的星座广场举行了隆重的上海天文博物馆开馆典礼。时任上海市副市长严隽琪、中科院院士叶叔华、市科委主任李逸平等出席了典礼。李逸平主任和上海天文台常务副台长廖新浩分别致辞,严隽琪副市长和叶叔华院士为博物馆揭牌(图6)。

图6　严隽琪(左三)和叶叔华(右一)为上海天文博物馆揭牌

　　上海天文博物馆具有深厚的历史文化和科技底蕴,以丰富的历史资料和琳琅满目的天文实物等展品,展示了上海乃至我国近现代天文学发展的历史。

第一章

得

天独厚的人文环境

上海天文博物馆是一家以天文学科为特色的科普场馆，它位于上海市郊西南部，松江区境内的西佘山（图 1–1）之巅，屹立于佘山国家森林公园的怀抱之中。

上海是世界闻名的国际大都市，它位于太平洋西岸，地处祖国海岸线南北的中心，是长江流域的门户，面临浩瀚的东海，背靠广袤的大陆，西连江苏省的苏州地区，南与浙江省的嘉兴地区相邻，历来是人文荟萃之地。上海土地总面积约 6341 平方千米，地势总体低平，是长江三角洲东南部的一片冲积平原，平均海拔高度只有 4 米左右。或许是大自然对上海平坦地形的补偿，在它的西南部松江区境内矗立着几座高百米左右的山丘，它们是浙西天目山的余脉。这几座山虽

图 1–1　1840 年西佘山的远眺照片

然都不高,但林木繁茂、郁郁葱葱、生机盎然、环境幽雅,为市民休闲度假提供了理想的好去处。

1. 佘山原来是火山

位于上海这块三角洲平原上的佘山,民间曾流传着"王母斩蛇造蛇山"(佘山曾名"蛇山")的神话故事。这当然不足为凭,佘山的得名可能源自汉朝在这里曾经有过一座佘将军府第。

据考查,佘山是一座约 1 亿年前形成的火山。佘山地区在地质上属于"江南古陆的延伸带"或"江南地盾的延伸带"的一部分。在那时,佘山一带和现在金山区境内的岛屿和浙江、福建的一些地区同属浙闽沿海火山活动带。根据佘山的岩石可以判断,这块古陆块在三叠纪-侏罗纪时,曾随着岁月的变迁而逐渐上升,到第三纪喜马拉雅造山运动时,这里曾发生过火山活动。根据地质考查,佘山上的岩石都属于火成岩,由黏稠度很高、流动缓慢的岩浆冷凝而成。现存的 20 多种岩石,如安山岩、正长斑岩、辉绿岩、流纹岩、玄武岩等,都是产生于火山口附近的岩石,由此可以判断佘山当年确曾是火山。随着板块构造、地球物理场及地质条件的变迁,浙闽沿海火山活动带现趋于稳定状态,过去的火山都已成了死火山,再也不会"胡作非为"了。

2. 九峰三泖之地

上海市的松江区有着 6000 年以上的人文历史,有"上海之根"之称。其境内佘山地区附近,从西南向东北延伸分布着九峰十二山(分别是小昆山、横山、矾山、天马山、钟贾山、辰山、西佘山、东佘山、薛山、凤凰山、厍公山、北干山),逶迤 13.2 千米,像串在一起的珍珠。

人们把十二山中较高
的九座合称为"松郡
九峰"，将它们形容
为盛开在上海西南郊
的九朵芙蓉，西佘山
（又名西霞山）正是
九朵芙蓉中最娇艳的
一朵。中国以"九"

图1-2　佘山之巅

为大，而松江古称"云间"，故民间又称这九座山峰为"云间九峰"，
其总面积达401公顷。九峰中数西佘山最高，海拔约百米，其最高处
的基岩位于上海天文博物馆院内。在1900年建佘山天文台时，西佘
山海拔高度为95米。人们特意保留该基岩，称其为"佘山之巅"（图
1-2），它也是上海陆地的最高处之一，2000年全球定位系统（GPS）测
量其海拔高度为100.84米。佘山分为东佘山和西佘山（图1-3），其
山地面积分别约900亩（约0.6平方千米）和850亩（约0.57平方千
米），东佘山的海拔高度为72.4米。

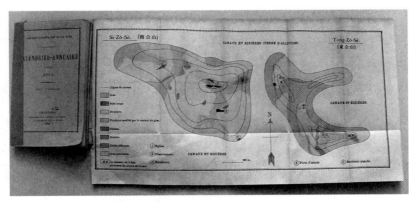

图1-3　1904年绘制的东、西佘山地图

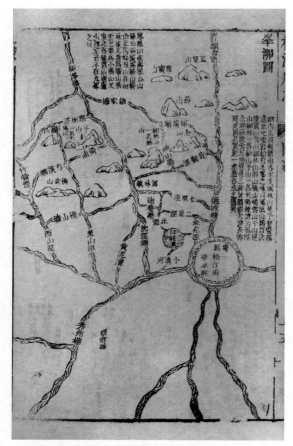

在古代，松江除有"九峰"外，还有"三泖"（图1-4），指的是松江、青浦、金山至浙江平湖之间的湖荡水道，有上、中、下三泖。至今，三泖中的上、中泖俱已不存。上泖淤涨成田，至清代只剩下阔如河流支渠的水流。中泖也早已淤塞，全部围垦为荡田。只有下泖保存至今，全长4.6千米，成为一条河面最阔处达70多米的河流，称为"泖河"。

图1-4 康熙《松江府志》卷首《峰泖图》中绘制的佘山等"九峰三泖"

自古以来，佘山山水相连，林木繁茂，景色宜人，物产丰富，历史上曾是人文荟萃之地，曾出过三国东吴名将陆逊、西晋文学家陆机和明末诗人夏完淳等著名人物。历代文人墨客也曾为佘山秀丽的风光留下许多珍贵华丽的诗文篇章。1720年，康熙皇帝南巡到此，品尝到山上竹笋有浓郁的兰花芳香后，特赐名佘山为"兰笋山"。传说，乾隆皇帝三下江南也曾来过，东佘山上现仍留存有相传当时建造的"乾隆道"遗迹。

3. 明代武僧"石塔"

自古太湖出良石，江南大多数庭院、园林都用太湖石来点缀景色，佘山地区也是如此。佘山天文台院内的东北坡上就有一座后人砌成的"石塔"（图 1-5）。"石塔"的说明牌上是这样介绍的："宋、元时代，华亭县佛教兴盛，九峰一带寺院林立，仅西佘山上就有慧日寺、宣妙讲寺、弥勒殿多处。明代在佘山还建有为纪念抗倭捐躯的少林僧人的四义僧塔。经过千百年

图 1-5 疑为由四义僧塔散件叠合的石塔

的历史变迁，寺院因无人管护，香烟断绝，逐渐颓败湮没。除西佘山东侧的秀道者塔依然兀立山间外，其余寺庙均无完整遗物留存。近年发现在佘山天文台内多处尚遗存有石结构散件，其形制显为佛家遗物，但究竟属何寺院遗物，抑或是四义僧塔散件，尚难作定论，有待于进一步考证。"

关于四义僧塔，2005 年《云间文博》杂志曾刊登市文管会陈平先生撰写的文章《魂归佘山的少林武僧》，称："2003 年 6 月，上海市文物管理委员会在松江佘山山顶找到了 21 件青石山塔构件，经考证正是明代为抗倭捐躯的少林武僧的四座少林墓塔散件，从而揭开了少林武术与上海的一段生死奇缘，为人文胜地的佘山增添了特有的底蕴和魅力。"

图1-6　秀道者塔

4. 秀道者塔

在西佘山东麓的山坡上耸立着一座宝塔,自古以来,当地人都称之为"秀道者塔"(又名"月影塔"或"聪道人塔")。据记载,该塔建于北宋太平兴国年间(公元976—983年),塔高29米,系砖木结构,平面八角七级,塔座四周有围廊,塔身每层有南北小门,为佘山著名的古迹之一。据传,潮音庵一位名"秀"的道者参与建塔,待塔竣工后引火自焚,故以其名命名此塔(图1-6)。

1997—1998年间,秀道者塔经过整修,成为风景秀丽的西佘山重要的游览景点之一,2002年被列为上海市文物保护建筑。

5. 佘山天主教堂

说到佘山,不能不述及天主教。我们知道,世界上三大宗教之一的基督教起源于公元1世纪的巴勒斯坦地区,起初是犹太人的一个教派。基督教的创始人耶稣被其信徒称为基督(即救世主),基督教包括天主教、东正教、新教等教派,认为是上帝创造并主宰了世界。据记载,公元635年基督教就传入了中国。到明清时,来华传教的有天主教的耶稣会、方济各会、多明会等，其中影响最大的是耶稣会。在鸦片战争以后，西方天主教各派教士蜂拥来华，上海成为他们重要的传教基地。他们在今日的徐家汇光启公园（图 1-7）周边建立了会院、居所、学校、印刷厂、天文台、藏书楼、博物馆等设施。在短短几十年间，徐家汇就成为颇具规模的中西文化交流基地之一。以后又在佘山建立了神学院、天文台、天主教堂等，佘山天主教堂在当时是远东地区最大的天主教堂，又称"佘山圣母大殿"。

图 1-7　光启公园

1844 年，天主教在中国江南教区的法籍耶稣会会长南格禄（Claude Gotteland）来到佘山，认为佘山满山竹林，环境幽静，起意在佘山脚下为教区年老体弱的传教士建造祈祷所。到 1865 年，在西佘山的半山腰建造了一座中堂。1870 年后，从中堂向上建了一条直达山顶，有十四个弯折的"经折路"。1871 年又开始在山顶上修

图1-8 1925年前的小教堂

建一所可容纳六七百人的希腊式十字形教堂,后人称其为"小教堂"（图1-8）,1873年竣工,佘山从此成为天主教徒朝圣的圣地。因朝圣者逐年增多,1920年又拆除了这座教堂。经耶稣会葡萄牙籍传教士叶肇昌(Francisco-Xavier Diniz)三年时间的精心设计,1925年在原小教堂的旧址上开始新建"佘山圣母大殿"（图1-9）,并于1935年11月16日落成。整个建筑平面呈丁字形,东西长56米,南北宽25米,顶高17米,钟楼高38米,内排列着八只大钟。大殿的内部结构采用金山石砌就,地面使用我国传统的大青砖。

图1-9 始建于1925年的"佘山圣母大殿"

外墙主要由红砖砌成,殿顶铺碧绿琉璃瓦,四周窗户使用彩色玻璃,是一座经典的中西合璧建筑。1949 年归天主教爱国会所有。佘山圣母大殿不仅是全国著名的天主教朝圣地,也是国际上闻名的天主教圣地。1989 年 9 月 25 日,被定为市级文物保护单位、优秀近代建筑。

佘山圣母大殿的东边是 1900 年建成的天文台,这两座分别代表宗教与科学的建筑浑然天成,非常和谐地耸立在西佘山顶上。

第二章

百

年天文台的无穷魅力

〇

1. 举目望星空　魅力大无穷

　　天文学是一门极其古老，却始终保持着创新活力的科学。曾经担任过上海天文台台长的叶叔华院士指出："天文学是一门古老的科学，明末学者顾炎武说'三代以上，人人皆知天文'，认为远古时期我国天文知识就相当普及。在 21 世纪人类走向太空的今天，作为自然科学前沿学科之一的天文学不但涉及数、理、化等各门学科，而且有着特殊的研究对象和范畴，它的神秘与魅力成为社会大众，尤其是青少年关注的焦点。"

　　人类自从蒙昧初开，就仰望星空，对充满奥秘的苍穹投去敬仰而又疑惑的眼神。他们在生存实践中认识到，有些神秘莫测的天象竟然与日常生活和生产有直接的联系。四五千年前的古埃及人就发现，每当闪亮的天狼星在黎明时分升上地平线时，就预示雨季即将到来，尼罗河就要泛滥，这会带来富含腐殖质的淤泥，可以滋润田地，带来好收成。同样，我国大约在五千年前就开始根据天象来确定季节，指导农业生产。当时，黄河流域流传着"七月流火，九月授衣"的民谣，意思是在夏历七月（阳历 9 月）的傍晚,看到红色的大火星(天蝎座里最亮的心宿二星)低垂在西南方低空,大家就知道冬天快要来了,应该准备寒衣了。恩格斯(Friedrich Engels)曾明确指出天文学是一门古老的科学:"首先是天文学——游牧民族和农业民族为了定季节,就已经绝对需要它。"在人类早期的航海活动中,人们也很自然地把星辰作为导航标志。即使在黑暗的中世纪,天主教会也是利用与陈旧的神学相符的天文学知识来禁锢人们的思想的。直到哥白尼(Nicolaus Copernicus)提出科学的"日心说",伽利略(Galileo Galilei)等人又通过发明的望远镜,掌握了与神学断言截然不同的天体运行规律,这才把大众的思想解放出来,最终为资产阶级工业革命和世界历史走向的改变奠定了科学的基础。

从古至今,每当天文学获得重大发现或进展,总会引起人们热切的关注,从而促进相关学科的进步。人类登月,探测火星,对宇宙大爆炸、黑洞、引力波的探测,寻找外太空文明世界等天文课题,总能激发公众尤其是青少年的浓厚兴趣,推动科技创新。宇宙的奥秘使天文学具有极强的吸引力,这也是其他很多学科无法相比的。就这一角度而言,大力推进天文学的普及具有特别重要的意义。

2. 佘山之巅 传统悠久

在佘山之巅开展天文科普工作,可以追溯到 20 世纪 50 年代初。当时的佘山天文台和徐家汇天文台属于紫金山天文台主管。尽管佘山天文台离上海市区有 40 多千米,交通极其不便,从事天文科普存在一些不利条件,但周边风景宜人,每当夜幕降临,万籁俱寂,星月交辉,魅力无穷,是天文工作者探索宇宙奥秘的天然实验室,也是天文爱好

者认识星空、学习天文知识理想
的科普场所。因此,每逢周末假
日,总会有许多学生想到佘山天文
台参观学习。于是,当时的上海科
学技术普及协会(以下简称市科普
协会)就决定在这里开展天文普及
活动。那时的上海活跃着一批天
文爱好者(图2-1),其中就有市科
普协会的干部周志强先生,他组织

图2-1 20世纪50年代的天文爱好者

卞德培(当时还在外国银行工作)、杨世杰(中学生)等同好,常在星期
六去佘山天文台开展天文科普活动(图2-2)。当年从上海市区到佘
山还没有公路,得先乘长途汽车到青浦赵巷,再换乘小木船划往佘山
脚下。那时,佘山天文台有两名专职船夫。据老人们回忆:"一个叫
干福清,另一个叫丁大生,都头戴乌毡帽。他们摇的船又窄又小,有个
篷子。"从上海市区来的人一到青浦赵巷,就会看见木船等候在那里,
划船的总是那两位人称"小绍兴"的船工。"小绍兴"在田间小河浜
里一桨一桨地划上两三个小
时,才能把船摇到佘山脚下
的码头。在山上的天文台台
长李珩先生早已为大家安排
好住处,晚餐还能品尝到刚
从山上挖来的佘山特产"兰
花笋"。星期天上午,他们就
为来参观的中学生举办天文

图2-2 周志强在佘山天文台给青少年普及
天文知识

讲座等活动。下午，"小绍兴"们又一桨一桨地把他们送回赵巷。几年后，杨世杰考进了复旦大学，毕业后又留学苏联，成为我国著名的天文光学专家。卞德培以后放弃了银行的"金饭碗"，到市科普协会改行从事科普工作，再后来又成为创建北京天文馆的开馆元老，为天文科普工作作出了杰出的贡献。为表彰他对天文事业作出的成绩，国际天文学联合会（IAU）于1998年将6742号小行星命名为"卞德培星"。

佘山天文台是我国具有代表性的近代天文台，具有众多热心于科普工作的科研人员，甚至可以追溯到1949年前，传教士也曾利用佘山天文台的仪器设备向民众传播天文知识（图2-3）。到了20世纪80年代中期，佘山天文台就主动将这座神秘的科研殿堂向社会开放，真正让天文学走向社会大众。佘山天文台成功举办过以九星联珠、哈雷彗星、狮子座流星雨、日月食、彗木相撞、海尔-波普彗星、中秋赏月等为专题的科普活动，还多次举办了天文教师培训班、青少年夏令营等有针对性的科学传播活动，产生了很好的社会效益。1987—2004年的十几年中，佘山天文台先后接待国内外参观者达350多万人次，其中60%为青少年。

1985—1986年，哈雷彗星的回归引起社会各界的极大兴趣。1985年11月17日，时任上海市市长的江泽民同志曾视察佘山天文台，并用口径40厘

图2-3 传教士利用佘山天文台望远镜传播天文知识

米的赤道式双筒折射望远镜（以下简称 40 厘米折射望远镜）观测了哈雷彗星（图 2-4）。上海天文台的专业科研人员除了投入到国际哈彗联测

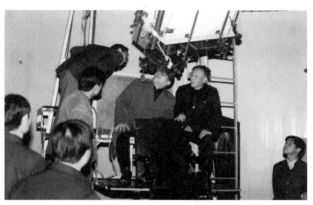

图 2-4　江泽民同志（右 3）在佘山天文台观测哈雷彗星

的紧张工作中外，还接待了十多批次的高中生，让他们使用佘山天文台里的小圆顶室，指导他们用天文望远镜拍摄哈雷彗星，获得了很珍贵的照片和观测资料，在全国评比中取得了优异成绩。

1994 年 7 月 17—22 日发生的彗木相撞是人类对天体碰撞事件的首次准确预报，具有划时代的重要意义。上海天文台的科研人员除积极参与和组织专题天文观测与研究外，时任台长赵君亮还在佘山天文台作了《彗木之吻》的专题科普报告。关注这一天文奇观的社会大众达到了上百万人次，壮观的"彗木之吻"吸引了全世界的关注。

1998 年狮子座流星雨极盛期，来到佘山上观测的青少年和市民达上万人，进入上海热线流星雨网站的人数突破 30 万人次。当时的副市长左焕琛、市府副秘书长殷一璀、市科委副主任徐冠华等领导在台长赵君亮、党委书记蔡际人等陪同下，慰问了佘山天文台的科研人员。

1999 年 12 月 31 日，上海天文台、中国福利会、市教委等六家单位在佘山天文台联合举办了"智慧之光耀东方——上海少年儿童迎接

图 2-5　上海少年儿童迎接新千年科普晚会（1999 年）

新千年科普晚会"（图 2-5），全市 200 多名少年儿童欢聚在佘山之巅。晚会前后举办的活动涉及星空探索、电脑网络、少儿电台、DISCOVERY 剧场、机器人擂台赛、天文知识竞赛、星图小制作等，充分激发了少年儿童的聪明才智。赵君亮台长在晚会上致新年贺词，蔡际人书记宣读了叶叔华院士专门为晚会写下的喜迎千年贺信（图 2-6）：

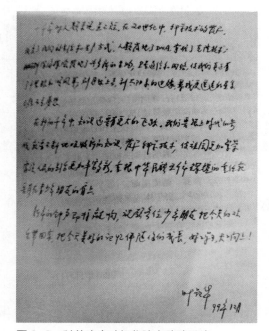

图 2-6　科普晚会叶叔华院士致辞手稿

一千年对人类来说并不短,在 20 世纪中,科学技术的发展改变了我们的生活和生产方式。人类发现了 DNA,掌握了克隆技术;深海探险发现了许多新的生物;卫星通信和网络使我们真正有了千里眼和顺风耳;到月球上去,到太阳系的边缘,寻找更遥远的星系已经不是梦想。

在新的千年中,知识还要有更大的飞跃。我们要跟上时代的步伐,就要不断地吸收新的知识,发展科学技术,使祖国更加繁荣富强,人民的生活更加丰富多彩,重振中华民族五千年辉煌的重任,就要落在青少年朋友的肩上。

新年的钟声即将敲响,祝愿各位少年朋友把今天的欢乐带回家,把今天美好的记忆伴随你们成长,好好学习,天天向上!

叶叔华

1999 年 12 月

3. 科普征程　春华秋实

为倡导"尊重科学、尊重人才"的良好氛围,承担起社会的责任,在市科协、上海科技发展基金会的指导与支持下,上海天文台的科研人员始终十分重视科学普及。佘山天文台紧紧依托天文科研优势和学科特色,积极调动科研队伍的力量,充分利用天文台科研资源,努力发挥佘山天文台天文研究与天文科普的功能。佘山天文台先后与徐汇、卢湾、浦东等区教育部门及市内外多所大、中、小学签约,共建青少年课外天文科普教育基地。科研人员充分利用佘山天文台的地理、环境优势,发挥其业务专长,积极拓展科学内涵,推陈出新,举办了各种类型的科普讲座;成功推出《彗星风采》《遨游太阳系》《蝴蝶艺术》

图 2-7　科普专家闵乃世

《世界珍稀昆虫》《时间博览》《古今中外日晷》等一系列科普展览，常办常新，增强了科普基地的吸引力和感染力。佘山天文台还与中国福利会少年宫天象馆指导老师、天文科普专家闵乃世（图 2-7）联合举办了"天文科技小创作作品展"，展览历时两年多，深受广大青少年的欢迎。该作品展包含 200 多件天文仪器小创作，分为演示型、实测型和预测型三大类，引导青少年通过自己动手创作小巧精致的天文作品，直观地学习天文知识，掌握天文学的基本概念，激发他们的创作灵感。

佘山天文台的科研人员还创新设计制作了《太阳系》《地外文明探索》《天地大碰撞》《时间雕塑——日晷》等多套专题科普流动展板，深入社区、学校、企业、部队及上海大世界等场所作科普公益巡展，受到广大市民和青少年的青睐，取得了良好的社会效益。他们还编印出版了《1998 狮子座流星雨天文观测》《天文科普教材》等科普读物。在叶叔华院士的带领下，上海天文台的科研人员参加了历届海峡两岸天文推广教育研讨会（图 2-8）。在 2001 年 7 月台湾第五届海峡两岸天文推广教育研讨会上，台湾《民生报》记者邱淑玲以《谈天文两岸一团和气》为题，专题报道了"佘山天文科普公园推广天文教育的做法"。2000 年，国家发展计划委员会发展规划司和有关新闻单位共同开展的"十五"计划征文活动中，佘山天文台科研人员以高度的社会责任感,积极为国家的发展献计献策;在上海市科普教育基地发展研讨会等场合也发表了十多篇科普论文和科普报告。每逢中秋佳节,佘山天文台都会主动与上海科技馆、上海大世界以及各中小学组织"中秋赏月晚会""星月奇缘"等活动。自 2001 年国务院批准在每年五月的第三周举办全国科技活动周后,佘山天文台每年都积极参与,举办各式各样的科学普及活动。

图 2-8　叶叔华院士(左四)带领科研人员参加海峡两岸天文推广教育研讨会

　　佘山天文台还积极开发特色旅游资源,设计建造了星座广场,打造科普旅游景点。2003 年 1 月,佘山天文台荣获上海市旅游事业委员会、市科委联合颁发的组织科普旅游工作的荣誉证书,并成为上海科普天地生一日游的定点科普基地。多年来,佘山天文台还经常接待香港、台湾和其他各省市天文科普团队的参观、访问与交流。2000 年 10 月,由国家自然科学基金委员会领导陪同的美国国家科普代表团(由美国国家科学基金会组织)一行 17 人专程考察了佘山天文台的科普工作

图 2-9　美国国家科普代表团参观佘山天文台

（图 2-9）。2003 年佘山天文台科研人员筹划制作了《探索天文的奥秘——走进佘山科普教育基地》VCD 片，荣获中国科学技术协会（以下简称中国科协）和新闻出版总署共同组织评选的第八届"全国优秀科技音像制品奖"三等奖。

　　叶叔华院士经常呼吁天文界在抓好科研工作的同时，积极投身天文科普教育工作。她在中国天文学会十届三次理事会上再次指出要提高天文学在社会上的影响力和重要性，鼓励大家继续抓好包括大、中小学的天文教育工作，让天文学更加深入人心。

　　已故中科院院士、中科院陕西天文台名誉台长、上海天文台研究员苗永瑞先生是天体测量、时间频率面的专家。他十分关心青少年天文科普工作，病重期间还亲自约佘山天文台的同志一起座谈科普发展工作（图 2-10），尤其关注上海天文博物馆的创建，提出了许多富有建设性的意见和建议，并亲自提笔为上海天文台科研人员设计的"旋转星座图"题词（图 2-11）。该星座图绘出了通常目视所及的恒星位置和星等，适用于上海周边地区（北纬

图 2-10　苗永瑞院士（左四）指导科研人员开展科普工作

图 2-11　苗永瑞院士题词的"旋转星座图"

31°左右）使用，成为深受广大青少年欢迎的认星工具。1996 年 3 月，苗永瑞与叶叔华一起参加了在上海开展的"百名院士百场科普报告"活动。1999 年 6 月，苗永瑞院士荣获上海市徐汇区人民政府颁发的"徐光启科技荣誉奖"。

　　已故上海天文台研究员、博士生导师万籁先生曾任上海天文台副台长（兼任佘山工作站第一任站长）、上海市天文学会理事长和名誉理事长，是我国照相天体测量学科的奠基人。在承担国家重大科研项目的同时，他也十分重视并关注天文学的普及工作，亲自撰写了许多科普文章，参与了《十万个为什么》《大百科全书》《辞海·天文分册》等编撰工作。在 1985 年哈雷彗星再次回归之际，他编著了天文科普书籍《欢迎您！哈雷彗星》。该书以通俗易懂的笔触深入浅出地介绍了彗星的结构、形态、观测目的和方法，成为广大青少年天文爱好者理想的观测手册。退休后，他成为市教委关心下一代讲师团的成员，制作了几十张精美的天文幻灯片。凡听过他的科普报告的人都对他风趣的语言、生动的科学讲解记忆犹新（图2-12）。

佘山天文台于1996年11月被市政府命名为"上海市青少年教育

图2-12　上海天文台原副台长万籁作科普报告

基地"；1997年5月被市委宣传部、市科委、市教委和市科协联合命名为首批"上海市科普教育基地"；1999年11月被中国科协命名为"全国科普教育基地"；2002年12月被科技部、教育部、中宣部和中国科协命名为"全国青少年科技教育基地"；2003年3月被市委宣传部、市教委和共青团上海市委联合命名为"上海市爱国主义教育基地"；2005年5月被中科院、共青团中央和全国少工委联合命名为"全国青少年走进科学世界——科技活动示范基地"等（图2-13）。

随着上海市科普教育基地的迅速发展，交流和贯通的渴望使分散在各科技文化领域的科普教育基地迫切需要一个聚合、共享的平台。在当年上海市科普工作联席会议办公室的领导和支持下，上海自然博物馆、中国极地科普馆、上海动物园和上海天文台佘山科普教育基地

四家市级科普教育基地，在中国
极地科普馆召开了首次上海市
科普教育基地联谊筹备会议（图
2-14）。1998 年 12 月 22 日，上
海市科普教育基地联谊会在上海
青年文化中心成立，市科委副主
任张其标、市科协副主席钱雪元
出席会议，市科委办公室主任李
健民主持会议。经过 1 年多的筹
备，上海市科普教育基地联合会
于 2000 年 9 月 28 日正式成立，

图 2-13　佘山天文台荣获各类科普教育
基地称号的铭牌

为全国第一家科普教育基地的社会团体公益性组织，拥有 100 多家科
普教育基地单位。上海天文台佘山科普教育基地是该会的常务理事
单位、副秘书长单位。2002 年，叶叔华院士被聘为上海市科普教育基
地联合会顾问。2003 年 6 月 28 日，叶叔华院士当选上海市科学技术
普及志愿者协会会长，并为协会题词"无私奉献　促进科普"。

图 2-14　联谊筹备组成员向市科委领导汇报科普工作

第三章

建
馆
缘
起

1. 从科研向科普转型

佘山天文台创建于 19 世纪末，到 20 世纪末，由于城市发展引起的观测环境恶化、国家科研重点转移、科研设备陈旧老化等诸多因素，一度面临科研功能衰退的窘境。天文台的一些陈旧设备及设施等有必要由往昔的研究功能向大众社会教育功能转型。这一思路得到了叶叔华院士、苗永瑞院士和上海天文台领导的支持，也得到了有关科研人员的理解。

1998 年 6 月，市科协的《上海科坛》刊登了上海天文台科研人员撰写的《在佘山建一个天文博物馆如何？》一文。文章提出开发佘山天文台百年积淀的丰富的科学和人文资源，创建上海天文博物馆的设想和建议："鉴于上海天文台佘山工作站完好保存着大量原佘山天文台的珍贵文物，而拥有大圆顶、40 厘米折射望远镜的主楼更是国内无双的'世纪天文台'。对这一份文化遗产亟须进行合理开发和有效利用。原天文台主楼虽已被列入第一批'上海市优秀历史建筑物'，但我们建议进一步收集当年包括徐家汇天文台的科技、宗教文物，集中在佘山陈列，并在原天文台主楼建立'上海天文博物馆'，争取列入重点文物保护单位。这样一所天文博物馆将向广大旅游参观者,特别是青少年展示天文科学知识、独特的近代科学史、上海乡土史、中西文化交流史和早年宗教活动等丰富内容,这在全国乃至亚洲地区都将是绝无仅有的。"该文章发表后得到了社会各界的纷纷响应,反映了社会大众的炽烈愿望,众多天文爱好者热切期待上海天文博物馆早日建成。

2. 机遇——上海市政协委员的提案

2000年1月1日,佘山天文台迎来百年华诞,上海天文台与上海市邮政局联合发行了百年华诞纪念封一枚(图3-1)。上海天文台胡锦伦副研究员为佘山天文台建台100周年赠诗一首:

"峰巅耸立天文台,斗转星移百岁来。

宇宙奇观寻奥秘,登临眼界自然开。"

图3-1 佘山天文台建台100周年纪念封

在佘山天文台建立百年之际，市科协专程对佘山天文台的科普工作进行了调研。市科协的钱雪元、施裕宗、张文琴三位市政协委员从上海科普工作的全局发展考虑，在2001年向上海市政协九届四次会议提交了第207号提案，提出了尽快建立“上海佘山国家天文科普公园”的建议。三位委员认为，年轻一代有较高的科学素养，对天文知识的渴求日趋高涨，在佘山天文台现有的科普工作基础上，兴建有一定规模的“上海佘山国家天文科普公园”有着深远意义。该提案得到了上海市发展计划委员会（以下简称市计委）、市科委、市绿化管理局和市科协等委办机构的积极支持（图3-2）。市科委表示，为了配合“天文科普公园”的启动，将协同有关部门积极开展项目的可行性研究，力争早日拿出方案。市绿化管理局认为，建设“天文科普公园”是很有必要的。市计委也表示，一旦该项目立项，将积极做好协调工作。市科协也给予了积极支持与协助。

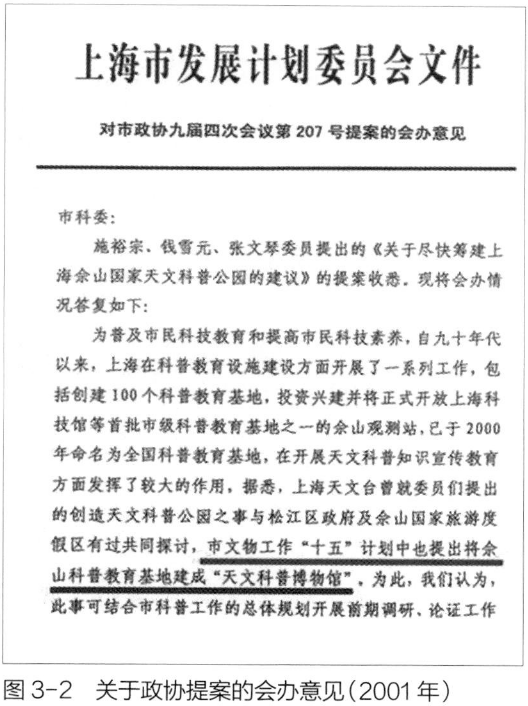

上海市发展计划委员会文件

对市政协九届四次会议第207号提案的会办意见

市科委：

施裕宗、钱雪元、张文琴委员提出的《关于尽快筹建上海佘山国家天文科普公园的建议》的提案收悉。现将会办情况答复如下：

为普及市民科技教育和提高市民科技素养，自九十年代以来，上海在科普教育设施建设方面开展了一系列工作，包括创建100个科普教育基地，投资兴建并将正式开放上海科技馆等首批市级科普教育基地之一的佘山观测站，已于2000年命名为全国科普教育基地，在开展天文科普知识宣传教育方面发挥了较大的作用，据悉，上海天文台曾就委员们提出的创造天文科普公园之事与松江区政府及佘山国家旅游度假区有过共同探讨，市文物工作“十五”计划中也提出将佘山科普教育基地建成“天文科普博物馆”。为此，我们认为，此事可结合市科普工作的总体规划开展前期调研、论证工作

图3-2　关于政协提案的会办意见（2001年）

上海天文台的科研人员针对市政协委员的提案进行了可行性研究，起草了《建设上海佘山国家天文科普公园的建议书》。市政协提

案办还在佘山现场召开了提案跟踪调研会、座谈会（图3-3），促成有关部门将该项目列入"十五"规划。2001年8月31日，上海《解放日报》《新民晚报》《新闻晨报》等新闻媒体都进行了报道。2001年9月7日，据上海《联合时报》报道，政协委员一份提案引起社会各界广泛关注，佘山脚下有望兴建天文科普公园，该公园将集科学性、知识性、趣味性、参与性和示范性于一体。

图 3-3　专家调研会

3. 列入上海市文管会"十五"发展规划项目

　　2000年5月21日，市文管会在上海公安博物馆召开"上海市发展行业博物馆座谈会"。会上，佘山天文台科研人员介绍了建"上海天文博物馆"的意向。2001年，市文管会将"上海天文博物馆"列入《上海文物工作"十五"发展规划》的重点计划，要求在3—5年内建成开放。2004年，市文管会提出了《上海市博物馆总体规划》（2004—2010年），将上海天文博物馆等列为重点建设博物馆。

4. 列入2004年上海市政府科普实事工程之一

　　上海市历来高度重视科学普及教育工作。2002年6月29日《中华人民共和国科学技术普及法》颁布，这是我国第一部关于科普的法律，标志着我国的科普工作进入了一个崭新的阶段。2003年初，上海市制定了有关科普实施建设的计划，上海天文博物馆建设被列入上海市科学技术委员会重点支持的市级科普教育基地提升改造计划。上海天文台的科研人员积极响应（图3-4），主动召开多次专题研讨会，还邀请了中国博物馆展示设计行业的领军人、上海博物馆费钦生研究员等文博系统的资深专家为上海天文博物馆建设的初步方案出谋划策。他们高屋建瓴地提出了许多建设性指导意见，为建馆指明了方向。2004年3月7日，《新闻晨报》刊登了题为《佘山之巅，最传奇的望远镜》的专题报道，从各方面叙述了上海天文博物馆的历史文化底蕴，及其社会科普教育的必要性和重要性。

图3-4　上海天文台科研人员献计献策

2004年3月24日，在市府大楼召开了"推进2004年市政府实事工程工作会议"，市政府将"推进科普教育工作，改造和提升10所科普教育基地"作为为民办实事工程（图3-5）。上海天文博物馆被列为2004年上海市政府科普实事工程之一。上海天文博物馆是以天文

图 3-5　上海市科普实事工程宣
传册（2004 年）

学科命名的专业博物馆，以普及天文知识、倡导科学方法、传播科学思
想、发扬科学精神和爱国主义精神为目的。其功能定位是：

珍藏 珍藏天文历史文物、图书、资料、照片和仪器的珍品馆；

研究 探索人类天文学的发展历史，探测宇宙的奥秘；

科普 成为社会公众寻求天文学知识以及有关科学与艺术知识的
场所；

教学实习 上海市及周边地区大、中、小学生的天文校外实践课堂
和冬、夏令营基地；

师资培训 中、小学天文师资培训的中心和科普能力的创新基地；

旅游 上海科普教育和科技文化环境的新景点，提升上海国际大都
市的整体形象。

上海天文博物馆以悠久的科技文化底蕴，展现了中西文化交流和
上海天文台的科技特色，充分体现出天文学研究的科学方法、科学思
想和科学精神。

2004 年 4 月 29 日，上海市科委组织了"上海天文博物馆项目专家
论证会"（图 3-6），由叶叔华院士担任组长，多名文博、科普专家组成

的专家团队听取了上海天文台关于《上海天文博物馆实施方案》的报告。经专家组成员讨论,一致认为上海天文博物馆应建成一座具

图 3-6　上海天文博物馆项目专家论证会

有天文学特色的专业博物馆,既要有科普工作的扎实基础,又要有良好的环境和发展的空间,而佘山天文台正是天文博物馆的理想馆址。其建成可以为今后上海市科普教育基地的进一步提升作出示范。

在上海天文博物馆筹建期间,叶叔华院士曾多次亲临现场指导,并与建设者一起查看佘山天文台的历史资料(图 3-7),上海天文台的许多科研人员也都积极为展品的分类和陈列方案出谋划策。上海天文博物馆的建设也得到了市文管会、市科协和松江区政府的大力支持。经过社会各界和天文台同仁的共同努力,上海天文博物馆终于在 2004 年 11 月 16 日正式开馆迎客,《解放日报》《文汇报》《新民晚报》《青年报》以及上海电视台、东方电视台、上海教育电视台等新闻媒体都及时作了报道。

2004 年,上海市政府科普实事工程在市科委的具体指导实施下,当年 10 家科普教育基地全部圆满

图 3-7　叶叔华院士(左三)与上海天文台老同志一起查看天文历史资料

图 3-8　市科委颁发的铭牌

完成提升改造计划。

2004 年 7 月 1 日，上海隧道科普馆率先建成开放。

2004 年 8 月 28 日，上海铁路博物馆和中国乳业博物馆建成开放。

2004 年 9 月 9 日，上海市银行博物馆建成开放。

2004 年 11 月 16 日，上海天文博物馆建成开放（图 3-8）。

2004 年 11 月 28 日，上海地震科普馆建成开放。

2004 年 12 月 6 日，上海昆虫博物馆建成开放。

2004 年 12 月 8 日，江南造船博物馆建成开放。

2004 年 12 月 15 日，上海东方地质科普馆建成开放。

2004 年 12 月 18 日，上海中医药博物馆建成开放。

2004 年 12 月 25 日，在市政府召开的上海市科普实事工程总结大会上，上海隧道科普馆、上海天文博物馆等 10 家科普场馆荣获了"2004 年上海市科普实事工程"集体突出贡献奖，参与实事工程的主要人员均获得了"2004 年上海市科普实事工程"优秀科普工作者称号。

上海 10 家科普场馆的建设由此也推动了上海市科普教育基地的快速发展，并逐步形成拥有"综合性科普场馆""专题性科普场馆""基础性科普教育基地"等多种科普设施的结构框架体系。

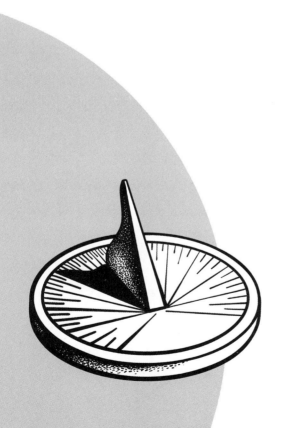

第四章

上

海天文博物馆概览

如果驾车从上海市区的人民广场出发，走延安高架路和 G50 高速公路（徐泾出口转嘉松南路），通常不到 1 小时车程就可以到达佘山

脚下。再顺着佘山天文台的路标，沿着浓荫夹道的盘山公路蜿蜒而上，一眼就能看见一块重约 25 吨、高 5 米的巨石竖立在路旁，仿佛是一位慈眉善目、鼻子高隆的老人，面带微笑地欢迎人们的到来。这块迎宾石上刻有"上海天文博物馆"七个遒劲有力的大字，出自时任上海市书法家协会副主席吴建贤先生的手笔（图 4-1）。

图 4-1　上海天文博物馆迎宾石

在巨石的一侧是宽广的星座广场，其地理坐标为东经 120° 11′、北纬 31° 06′，海拔高度 82 米，面积约 730 平方米，地面用花岗岩石块铺就。广场上的 85 米围栏全部用来自浙江诸暨的花岗岩石料建造，围栏上是浙江诸暨民间工匠雕刻的 40 多幅与希腊神话有关的星座图案，是 1928 年 IAU 将全天划分为 88 个星座中的 42 个（见附录 1）。如果参观者在夜晚辨认星座时再聆听每一个星座背后的希腊神话故事，定会别有一番情趣。

若在春暖花开时节驻足星座广场，向远方眺望，可以看到生气勃勃的松江大学城和高高矗立的松江电视塔。山下则是绿色的"海洋"，绿树翠竹和广袤的田野郁郁葱葱，春意盎然，美不胜收，不禁令人心旷神怡。身后近 20 米高的山墙上星星点点地铺满金黄的迎春花，朵朵绽开着欢迎的笑脸，迎接宾客的光临。沿着山墙边的斜坡步入天文博物馆大门，"时间与人类"展室就近在眼前。

上海天文博物馆室内的展览面积达 2000 平方米，展出了众多科技文化珍品，体现了百年科技文化的精髓。展示内容共分七个部分：时间与人类；中西天文学交流；观测天体的利器——天文望远镜；子午仪观测；早期天文观测成果；百年藏书；代表人物。我们先到"时间与人类"展室去看看吧！

一、时间与人类

滴答,滴答……这单调精确的声音总是一成不变地表明一点,
生命在不息地运动……这分分秒秒来自哪里? 它们逝向何方?

（苏）高尔基（Максим Горький）

　　时间是物理学中的七个基本物理量之一, 也是物质运动的属性之
一, 它可以用来描述物质的运动过程或事件的发生过程, 能描述物质
的运动、变化的持续长短和前后顺序, 包含了时刻和时段两个概念。
时间和人类的社会生活与生产活动密不可分。人类历史上的一切事
物都有一个什么时候、持续了多长时间的问题, 这就存在一个如何确
定时间的疑问, 这是从古至今都无法回避的问题。

1. 展室印象

　　在人们的印象中, 时间不过是一个物理量, 似乎与天文学没有什
么关系, 为什么在上海天文博物馆中有一个 "时间与人类" 展室呢? 原

来,计时工作与天文学一直有着不解之缘,"时间与人类"展室主要介绍的就是有关天文计时的科学知识。

一踏进"时间与人类"展室的大门,每秒一次的滴答声就清脆悦耳地回旋在耳边,清晰地显示时间正在有条不紊、持续不断地流逝着。循声找去,就能发现滴答声是从四象吊顶钟里发出的。这台钟安装在观众的头顶上方,钟面上均匀分布着60盏灯,灯光伴随着滴答声每秒移动一步,灯光移动一周就是精确的1分钟。钟面上装饰着代表中国古代星空的四象图案(东方苍龙、北方玄武、西方白虎、南方朱雀),暗示在中国古代人们就已将时间与天象建立了联系。时间确实看不见、摸不到、没声音、无气味,人们难以直接感觉到它的存在,但通过观察周围事物的变化,就能感觉时间长河在不停地流淌。

昼夜交替是最明显的天文现象。在"时间与人类"展室里可以了解到,在远古时期,古人"日出而作,日落而息",他们十分自然地把昼夜的变化周期"天"作为计量时间的基本单位。人们逐渐把一天中的时间和当时太阳在天空中的位置变化紧密地联系在一起,用日晷和漏壶等计时工具来确定当时的时间,这实际上也就将时间和地球自转联系了起来。可见,时间的测量与天文学确有不解之缘。人们在白天可以观察到太阳在天空中的位置变化,在夜晚也可以观察到星星在天空中从东向西的运动,这些都是地球自转的反映。人们可以通过它们进行时间的测量,只是两者的变化速度有些微不同。简略地说,前者与天文学中平太阳时的概念类似,后者则与恒星时的概念类似。我们这里暂不述及严格的专业定义。

时间测量与天文学的这种联系在近现代科学发展中更加紧密。徐家汇天文台建立之初,人们就利用相对精密的计时仪器观测夜空中恒星的位置,来确定当时的时刻,其精度当然比中国古代高多了。展室中的不少内容就反映了以叶叔华院士为首的上海天文台科研人员长期从事天文测时工作的情况。他们通过不懈的努力取得了一系列科研成果,为我国的天文测时精度跻身世界先进行列作出了卓越的贡献。

展室中用许多实物和图表展示了计时工作发展的情况。一些展品还对有关概念作了深入浅出的介绍,使参观者能够对天文计时和上海天文台在这方面所做的工作有所了解。

展室还采用了一些多媒体的表现手法,形象地展示了与时间有关的概念。例如,利用一台生日转换仪,参观者只要输入自己出生时的公历日期,就可以显示相应的农历日期、星期几、从出生到参观输入时共经过了多少天,并可打印出精美的卡片留念;通过区时转换系统就可以知道当时世界上任何地方钟表上的时刻;通过控制时间按钮,就可掌握拦截敌方导弹和飞船着陆的最佳时机,体会精确的时间对现代社会的重要意义。此外,还有宇理图、时理图展现了在不同空间尺度和不同时间尺度情况下看到的情景;行星秤能让你知道自己在月球和几个大行星上的体重……

展室中还有一件叫"地球钟"的展品(图4-2),颇能吸引人们的眼球。其透明的有机玻璃球形外壳象征着宇宙天球,上面刻着星座的图案和天球赤道、黄道。透过球形外壳可看到其中心是一个地球仪,在地球仪上固定了一根指针,地球转动时,指针就指向天球上的不同位置,表示不同的时刻,形象地演示了天文计时的基本原理。

展室中展品众多,内容丰富,需要我们仔细地去品味、琢磨和理解。

图 4-2　演绎地球自转的"地球钟"

2. 中国古代的计时工具

（1）观象授时

　　"时间与人类"展室通过对中国古代计时工具的简单介绍，帮助观众清楚地了解人类对时间认识的悠久历史。远古时代的时间概念并不会仅仅局限于"日出而作，日落而息"。从小的方面来说，人们可以把一天划分为一些时间段，根据当时太阳在天空中的位置来确定当时的时刻。向大的方面扩展，人们通过对寒暑更迭的感受和周围环境的变化，结合社会生产、生活的需要，逐渐形成了日、月、季、年的概念，这些也是和天文学有联系的。月、季、年中的日序都可以用来表示日期，月显然是和月相变化有关的，年又与季节变化有关，这些时间概念都离不开天文学。利用这些时间概念，中国古代的人们就编制了历法。大家知道，与现在世界上通用的公历不同，中国古代的历法是一种阴阳历。辛亥革命以后我国开始使用公历，但同时也使用一种传统的阴阳历，称其为农历。所谓阴阳历，也和阴历一样，是以月相的变化周期作为一个月，但也具有公历的因素，它通过在适当时机设置闰月的办法使其与公历相差不会太多。农历中的二十四节气就是与此有关的。我们知道寒暑更迭与太阳在黄道（就是太阳在星空中移动的轨迹）上运动的位置有关。在不同的位置上，太阳在天空中有时偏南、有时偏北，这就造成了寒暑变化，所以中国古人就要确定太阳在什么时候到达黄道上的特定位置，从而创造性地在历法中设立了二十四节气。由于二十四节气分别对应太阳在黄道上的特定位置，与季节的寒暑变化密切相关，因此可以根据它来指导农事的安排，这是中国古代历法的独创。为了确定一年中二十四节气对应的时节，就需要掌握太阳在黄道上的运动规律，这就必须进行天文观测。中国古代就有所谓"观象授时"的说法。"观象"就是指天文观测，"授时"的"时"并不是我们通常意义上所说的时刻，而是指时节、时令、农时的意思。所谓"观象授时"，用现代的话说就是政府的天文机构通过观测来编制历法，告诉人们不误农时，及时安排农事活动。由于农业对历代统治者来说都是至关重要的，因此制订历法通常居于十分重要的地位，统治者颁布的历法常被视为其统治的象征。

由于黄道在天空中并没有任何标记，太阳看上去又是那样光芒四射，在白天根本无法观测到它在天空中移动的情况，于是古人利用一种称为圭表（图4-3）的天文仪器来掌握太阳在黄道上的运动规律。说起来

图4-3　中国古代利用圭表观测夏至日影的画面

也十分简单,就是在一块平地上垂直插一根称为"表"的木棍,每天中午测量它在阳光下的影长变化就可以了。表的高度通常为八尺,其影长变化客观地反映了一年中太阳在天空中南北方向上的移动情况,这与太阳在黄道上的运动是完全对应的。虽然实际上问题并没有那么简单,但圭表的使用确实解决了大问题,使制订历法有了客观的依据。

众所周知,中午的时候,阳光下表的影长在不同纬度的地方也是不同的。对北半球而言,纬度低的地方影长要比纬度高处短,因此各地的测量结果就互不相同了。为了编制历法的需要,中国古代认为阳城(在今河南省登封市东南的告成镇)为"天下之中",以在那里中午测量的影长为标准。历来有不少人在那里进行过影长的测量,相传最早西周的周公就曾这样做过,后来唐朝还在那里建造了周公测景台(图4-4),一直保留至今。为了提高影长测量的精度,元代著名天文学家郭守敬还将表的高度提高了5倍,制作了4丈高表,又采取了一定的技术措施,得到了非常精确的影长数据。据此,他编制的《授时历》里回归年长度与用现代公式得到的结果基本一致。现在在告成镇仍矗立着一座观星台,其本体的高度相当于元代的4丈,台下有一条南北方向的水平石面,两者组成了一台巨大的圭表,可以用于表影长度的测量。该观星台的科学意义是不言而喻的。在

图4-4 周公测景台

"时间与人类"展室中陈列了该观星台 1/14 比例的模型。

　　当然，通常人们关心的时间还是具体的时刻。从某种意义上说，历法虽然可以视为给出了较大尺度上的时间，但毕竟与具体时刻还是有区别的。在中国古代有将一天等分为十二个时辰，又有将一天等分为一百刻的。而具体的时刻经常是采用日晷和漏刻来确定的。

（2）日晷

　　凡游览过北京故宫的朋友都会对太和殿、乾清宫等建筑前竖立的日晷有些印象。"日晷"（图 4-5）的意思为"太阳的影子"。其测时原理也就是"立表见影"和"视影知时"。因此，又有人称日晷为太阳钟。它是我国古人利用日影测定时间的一种计时工具。日影是与太阳在天空中的位置对应的，而太阳的位置变化主要由地球自转引起，所以日晷是一种反映地球自转情况的简易工具。它通常由晷面和表两部分组成。表通常与晷面存在一定的角度，每当有阳光照射时，表

图 4-5　日晷

的影子就投在晷面上的某一位置处，人们根据晷面上和时刻有关的刻度与表影的方位、长度等（视不同的计时原理而定）就可以直接读出当时的时刻了。中国古代的日晷大部分都是赤道式日晷，其晷面与天赤道面平行，这样刻画在晷面正反两面上的时刻标志就可以均匀分布了。它的表垂直穿过晷面的中心，表的上端就指向北天极。表在晷面的两边伸出相仿的长度，就可以在一年中不同的日期分别在晷面的正

反面上观察到表的影子,从而正常计时。

我国观测日影的历史源远流长。据说,日晷起源于圭表,在战国时期就已有圭表,相当于一种地平式日晷,《史记·司马穰苴列传》中就有"立表下漏"的明确文字记载。现保存在中国历史博物馆的玉盘日晷,是 1897 年在内蒙古托克托城(现在的呼和浩特)出土的文物。

在上海天文博物馆院内有两台日晷,一台是根据北京故宫的汉白玉赤道式日晷的原理仿造的,另一台是 1995 年 5 月上海交通大学吴振华教授研制并赠送的新型日晷,刻度精细,日影清晰,精度在 ±60 秒,同时还能读取"当日"所处的时令节气。阳光下人们可以看到这两台日晷是如何显示时间推移的。

(3)漏刻

滴水也能计时吗?是的。水流是一种连续有规律的运动过程,它确实可以用来计时。一定容量的水在特定条件下间隔均匀地流出,就可以表现时间的流逝,它同日影移动一样,也可用来计时。

漏刻,又名"刻漏"或"漏壶",也有人称其为"水钟",也是中国古代应用最广的计时仪器之一。人们想方设法以得到尽可能均匀流动的水流,水流量随着时间的推移而不断增加,就可以通过计量该水流流动的总水量来计时。在《后汉书·志·律厉下》中有"孔壶为漏,浮箭为刻,下漏数刻,以考中星,昏明生焉"的叙述。漏刻中的壶有泄水壶和受水壶之分,为了尽量保证泄水壶水位的稳定,提高计时的精度,常采用多级泄水壶连用的办法,以使末级泄水壶的水面保持平稳。泄水壶中的水就这样不断流入受水壶。受水壶的水面上有一个船形漂浮物,上面插着一根刻有时刻标记的箭。随着受水壶中水位的升高,箭上的时刻标记就会依次显露出来,从而读出与当时对应的时刻。如果漏刻能够连续不断地使用,它就具有与现代钟表类似的功能。只要

将其用天文测时（如使用日晷等）
的结果进行校正，其运行精度又能
达到要求，那就在任何时候都可以
不受白天或夜晚、晴天或阴天的
限制，就能知道当时对应的时刻。
这实际上相当于将天文测时的结
果保留在漏刻上。漏刻计时必须
经常与天文测时比对，同日晷测影
与恒星位置观测相结合，由此组
成我国古代一套相对完整的计时
系统。

图4-6　王德昌研究员捐赠的漏刻仿
制品

　　在"时间与人类"展室中展示的漏刻（图4-6）和千章铜漏两种文
物的仿制品，分别由中国科学院紫金山天文台王德昌研究员和苏州市
古代天文计时仪器研究所陈凯歌所长制作并赠送给上海天文博物馆。

（4）水运浑象仪——中国古代的天文钟

　　人们通常都以为机械钟表是西方人发明的。在"时间与人类"展
室中的"中国古代的第五大发明"展板就告诉我们，早在东汉时期，我
国著名的科学家张衡就设计制作了一台带日历的水运浑象仪，它相当
于世界上最早的机械钟表，后来历代都不断对其进行了不同程度的改
进。唐代著名天文学家一行等人的制作就有了明显的进步，不仅能够
模拟天空中太阳、月亮的运行，使其具有机械钟表和日历的功能，还有
用钟鼓的音响进行自动报时的装置。北宋天文学家张思训、苏颂都制
作过水运浑象仪，尤以苏颂制作的水运仪象台最为著名。

　　苏颂于1090年制作的水运仪象台，是一台集观测天象的浑仪、演
示天象的浑象、计量时间的漏刻和报告时刻的机械装置于一体的综合

性天文仪器。在漏刻流出水的驱动下，浑仪、浑象和报时系统都能按部就班地运转起来，精确地发挥各种功能。其制造水平堪称一绝，充分体现了我国古代人们的聪明才智和创造精神。由于它首创了类似近现代机械钟表中的擒纵装置，这使其运行得非常精确，在人类计时发展史上具有重要地位，甚至有人称其为中国古代的"第五大发明"。1956年3月，英国剑桥大学李约瑟博士（Joseph Needham）在英国自然杂志上发表《中国的天文钟》一文，充分肯定了水运仪象台"在时钟发明历史上的重要性"。

3. 近现代的天文测时

近现代的时间工作是天体测量学中重要的应用领域，为国民经济和相关科技领域提供高精度的时间服务。近代以来，尤其是在中华人民共和国成立之后，上海天文台在这方面作了许多努力，取得了引人瞩目的成绩。

上海天文博物馆珍藏了一些天文测时仪器，包括阿斯卡尼亚中星仪（1966年，德国，图4-7）、帕兰子午仪（1925年，法国）、蔡司中星仪（1955年，民主德国）、丹容等高仪（1956年，法国），以及光电等高仪（1974年，中国）等，它们都曾经为上海天文台的天文测时工作作出过贡献。但因为场地的限制，它们未能都在"时间与人类"展室中与人们见面。其中的

图4-7 阿斯卡尼亚中星仪

中星仪、等高仪都是经典的天文测时仪器。通过它们在夜间观测恒星在天空中的位置就可以得到当时的恒星时，再经过繁复的换算就可以得到世界时。测定恒星时有许多种方法，最直接的方法就是观测并记录恒星通过子午圈的时刻。中星仪就承担着这个任务。

（1）中星仪

中星仪又称子午仪，是专门用来观测恒星通过子午圈时刻以确定天文钟钟差的仪器。中星仪由望远镜、刻度盘、跨水准和支架等组成。世界上第一架中星仪是由丹麦天文学家罗默（Ole Romer）于 1684 年发明的。在经典天文测时技术中，中星仪的中天观测方法的历史最为悠久。中华人民共和国成立之前，徐家汇天文台就已经使用帕兰子午仪（物镜直径 80mm，焦距 86cm，目镜放大率约 100 倍）来测时了。由于是采用肉眼观测的，通常称为目视子午仪。馆藏的蔡司中星仪（物镜直径 100mm，焦距 100cm）于 1950 年从苏联引进，也属于目视中星仪的类型。1946 年，苏联天文学家巴甫洛夫（H. H. Pavlov）首先成功改装了世界上第一台光电中星仪，当星光信号进入望远镜时，电子接收设备就将星光信号变成电信号，再用记录仪器将电信号及其对应的钟面时刻信号同时自动记录下来，通过比对计算，就能确定观测时的正确时刻了。上海天文台的科研人员按照这样的办法对上述蔡司中星仪进行了光电记录改造，研制出我国第一台光电中星仪（图 4-8）。这台光

图 4-8　苗永瑞先生正在调试光电中星仪

电中星仪在上海天文台的时间工作中立下了汗马功劳。1980年，上海天文台的科研人员又对原有的光电中星仪进行了改造，使其成为一台半自动光电中星仪，既降低了科研人员的观测强度，也提高了观测效率和精度。

（2）等高仪

在"时间与人类"展室的展品中有一台20世纪70年代仍在使用的丹容等高仪（图4-9），依然焕发着昔日的风采。与专门测量时间的仪器不同，等高仪通过观测得到恒星通过等高圈的时刻，就可以同时得到时间和当地纬度变化的有关数据。在其望远镜物镜前放置一块棱镜和一个水银盘，在视场里就可以同时看到来自同一颗星的两个星像。这两个星象重

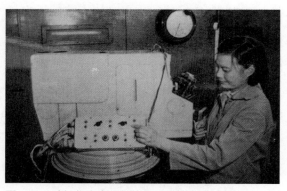

图4-9 叶叔华先生正在使用丹容等高仪进行测时工作

合的时刻，就是该恒星通过等高圈的时刻，据此就可以计算出当时天文钟的时刻差和望远镜所在地的纬度。到了20世纪50年代，法国天文学家丹容（Andre-Louis Danjon）为了减小观测者造成的误差，提高测时的精度，设计制作了一台"超人差棱镜等高仪"，亦称"丹容等高仪"。在1957—1958年国际地球物理年期间，全世界各天文台有三十多架丹容等高仪在使用，它们在时间、纬度和地球自转现象的观测研究中发挥了重要作用。上海天文博物馆收藏的这台丹容等高仪，当年的观测精度在世界光学天文测时仪器中名列前茅，为上海天文台的天文测时、地球自转等方面的研究工作作出了重大贡献。

1968 年, 上海天文台的科研人员参加了我国独立研制光电等高仪的工作, 其第一架光电等高仪 (Ⅰ型) 于 1971 年 10 月在陕西天文台投入使用。1974 年 7 月上海天文台在徐家汇建成光电等高仪观测室, 9 月安装了国产的Ⅱ型光电等高仪。1992 年上海天文台赵刚研究员等科研人员经过锲而不舍的努力, 将原来只能观测亮星的Ⅱ型光电等高仪改造成一台能观测到 11 等星的全自动光电等高仪, 提高了观测效率, 其测时精度也有了明显的提高。该仪器还参加了 "中国大地测量星表" 的研究工作, 1992 年荣获中科院科技进步一等奖。

(3) 天文钟

在天文测时工作中, 精密的天文钟是至关重要的。天文测时其实就是使用各种测时仪器来测量天文钟与实际时刻的差别。虽然一台精密的天文钟可以做到一年内走时误差不超过一秒, 但再小的误差也会日积月累成大的误差, 这就需要通过观测来了解天文钟的钟差。况且, 许多科研领域需要研究与地球自转有关的问题, 天文测时实际上就是要判断天文钟与地球自转的差别。由于天文测时并不是随时都能进行的, 要了解测时的结果就只能依靠天文钟来实现, 也就是说, 需要用天文钟把测时的结果保留住, 这就是天文测时工作中的守时。当然, 这里的前提是要了解天文钟的运行规律。由此可见, 在天文测时工作中天文钟是须臾不能缺位的。

上海天文博物馆收藏和展示了各种天文钟, 包括机械钟、石英钟和氢原子钟等。

1656—1657 年, 荷兰天文学家惠更斯 (Christiaan Huygens) 根据伽利略发现摆的等时性原理, 创制了第一个摆钟。1673 年, 他出版了《摆式时钟》一书, 描述了他的发明。这一发明使机械钟表的计时精度大为提高, 为专业的天文钟表的出现提供了技术基础。为了提高计

图 4-10　勒鲁瓦天文钟

时精度，天文摆钟采用膨胀系数极小的材料作摆杆，还对摆杆采取了温度补偿措施，其制作工艺也优于一般的摆钟，堪称是机械钟表中的精英。为了减少周围环境对天文钟走时的影响，科研人员常把天文钟放置在温度变化较小的地下室或其他恒温室中。在"时间与人类"展室的展品中有一台法国勒鲁瓦天文钟（图 4-10），它是徐家汇天文台控制发播时间讯号的工作钟。1950 年代，上海人民广播电台发出的"嘟！嘟！嘟！……"报时讯号就曾是由这台钟控制的。在上海天文博物馆的大圆顶观测室中有一台法国费农天文钟（图 4-11），它于 19 世纪末购于法国，从佘山天文台建台开始就一直在为天文观测工作服务。它以重锤重力为动力，经过 100 多年的沧桑岁月仍走动自如，并能提供当地的平太阳时（与当地太阳在天空中的位置有关的时间）。另外还有一台来自英国伦敦的恒星钟，也安放在 40 厘米折射望远镜的观测圆顶内。这台钟也有 100 多年的历史，走时精度非常高，每天的误差不会超过 1 秒。因为它能提供当地的恒星时（与当地恒星在天空中的位置有关的时间），所以观测时用它来寻找天体非常方便。将望远镜设好位置后，只要钟面时刻一到，便能在

图 4-11　费农天文钟

望远镜视场中看到需要观测的目标天体。这些天文钟作为历史文物，一个多世纪以来，伴随着几代天文学家度过了一个个不眠之夜，为天文事业的顺利发展发挥了作用。

航海钟也是一种天文钟。人们在航海中常要确定船舰当时所在位置的经度，这就要进行天文观测以确定当地时间，然后与标准时间进行比对。因此，具备这样一台按标准时间运行的天文钟就非常有必要，否则就会影响航行安全。 1707 年，英国皇家海军由于海上定位的误差，导致四艘舰船触礁沉没，死亡官兵超过 2000 人，其原因竟然是海上进行天文观测使用的钟表走时不准！ 1714 年，英国国会通过一项《经度法案》，要求把海上经度测量误差控制在半度以内，最终解决这一难题的是一位手艺精湛的钟表匠哈里森（John Harrison，图 4-12）。他花费五年时间，逐一破解了海船颠簸、热胀冷缩等各种

图 4-12 哈里森

造成钟表走时不准的因素，制造出一台 H-1 航海钟，虽然 H-1 是一件庞然大物，但它的走时精度远远超过当时任何钟表。1741 年，哈里森又制造出 H-1 的升级版 H-2，它已经能够满足上述英国国会提出的要求。但哈里森仍坚持继续改进，1759 年又研制成功 H-4 航海钟，它的重量不到 1.5 千克。在 1761 年一次横跨大西洋历时 81 天的航行中，该钟仅慢了 5 秒，相当于整个航程只有 3 千米的定位误差。符合要求的航海钟终于诞生了！

在以后的两个多世纪里，航海钟成为全世界海上船舶的标配。这

种钟的外壳是个方形的木盒，钟机装在一个特殊的万向支架上，无论船舶在风浪中怎样摇晃、倾斜，它始终能保持水平状态。早年的徐家汇和佘山天文台都使用过这种航海钟，现在它正在上海天文博物馆展柜里"安享晚年"。

不过，航海钟相对于在天文台稳定环境下使用的天文摆钟来说还是略逊一筹的。佘山天文台早期使用的电磁式子母钟（图4-13）是一

图4-13　电磁式子母钟

种校时钟，它的钟摆是一个铜球，球摆下方的套环套在一段弧形导轨里，通过两边的电磁线圈控制摆动速率。为了保证绝缘，整个钟安装在一块白色大理石板上。

由于天文摆钟受到机械运行精度的限制，又难以摆脱温度、气压变化，以及地震等因素的影响，已不能适应天文事业发展的需求，这就出现了更为精确的天文钟。

1928年，在美国贝尔实验室工作的霍顿（J. Horton）和马里森（Warren Marrison）发明了石英钟。石英钟是根据石英晶体压电效应的原理，利用石英晶体来校准电子振荡电路，使其振荡频率非常稳定，可以用于精确计时。它实际上就是一种电子钟，其每天的走时误差可以控制在0.1毫秒之内，270年的累计误差才会达到1秒。1942年，英国格林尼治天文台率先采用石英钟守时。石英钟的使用让人们发现了地球自转的不均匀性，也提供了新的精确时间标准。1957年，徐家汇天文台首先从德国引进了石英钟，应用于天文测时和时号的控制发

播，使我国的时间工作水平有了较大提高。徐家汇天文台在 20 世纪 50 年代也曾经研制过石英钟。上海天文博物馆中展出的石英钟就是我台后来设计制造的。然而，正当石英钟在天文计时工作中大显身手时，精度更高的原子钟又出现了。

1930 年，美国哥伦比亚大学的物理学家拉比（Isidor Isaac Rabi）发现了核磁共振现象，这一发现使他荣获了 1944 年度的诺贝尔物理学奖。1945 年，拉比教授又提出原子的振荡频率都是固定不变的，因此可以利用核磁共振原理制造出极其精准的时钟。1949 年，美国国家标准局应用拉比教授的理论，成功研制了第一台以氨分子作为振荡源的原子钟。1952 年，更精准的铯原子钟又研制成功。在 1967 年举行的第 13 届度量衡大会上，人们依据铯原子振荡频率对"秒"作了重新定义（"原子秒"），并在此基础上建立了原子时系统。

自 20 世纪 50 年代出现第一批原子钟后，它已成为现代最准确、最稳定的时间和频率标准。由原子钟提供的原子时已成为三大物理量之一的时间基准。目前普遍使用的是氢原子钟，其精确度使其经过 300 万年才会有 1 秒的误差。氢原子钟是 1960 年由美国科学家拉姆齐（Norman Ramsey）首先研制成功的，被广泛用于天文观测、高精度时频计量、火箭和导弹的发射，以及航天航空事业等方面。中国的第一台氢原子钟诞生在上海天文台。20 世纪 60 年代中期，我国开始实施第一颗人造卫星的研制与发射计划，这是一个涉及面极广的庞大的系统科学工程，需要建立一套精确可靠的时间和频率保障系统。1969 年 10 月 10 日，周恩来总理就研制原子钟的规划草案作了批示。上海天文台承担了研制氢原子钟的重任。1975 年 9 月，国产第一台氢原子钟研制成功，并开始在标准频率发播中试用。

当年，上海天文台的科研人员还根据国民经济发展和科研、国防事业的需要,研制更先进的原子频率标准。

说到精确的天文钟,大家也许不会想到,在深邃的宇宙空间中就存在着一种硕大无比但又十分精准的"天文钟",它们既不是地球人制造的,也不是外星人的产品,而是宇宙中奇特的天体——脉冲星。

脉冲星最早发现于 20 世纪 60 年代,它们是一些大质量恒星经历了超新星爆发后留下的"遗骸"。这种天体高度致密,直径只有二三十千米,却具有太阳的质量。如果直径为 12 742 千米的地球也按这个比例被压缩到相同密度,直径就只有几十米了。脉冲星具有极强的磁场,因此它的电波辐射受到强磁场封闭,只能从两个磁极区向外界辐射。而且,脉冲星又在高速自转,从磁极逸出的电磁波束犹如灯塔射出的光束,转动着扫过宇宙太空。在地球上,由于可以用射电望远镜观测到这种周期性的脉冲电波,脉冲星的名字由此而来。

有一种脉冲星发出的脉冲周期为毫秒级,但其频率具有极高的稳定性,几乎接近于原子钟,似乎也可以用来作为时间频率标准。当然,目前把毫秒脉冲星用于计时的测量精度只能达到百万分之几秒,远比原子钟的计时精度低。但是在未来的长途太空旅行中,将多颗毫秒脉冲星的计时资料进行综合处理,就可得到一种"综合脉冲星时",其长期稳定度或许可以优于原子时。

目前,我国天文界正在开展这方面的科学研究。

4. 时间计量　服务社会

(1) 人类社会离不开时间计量

在远古时代人类还处于蒙昧状态的时候,观察到太阳东升西落、昼夜交替的天文现象,就产生了最早的时间概念。当时的人们只能依赖自然光线的照明来安排自己的活动,以昼夜交替的周期作为最基本的时间单位,并根据太阳在天空中的位置来判断时间的推移情况。这就是最原始的时间计量工作。当时的社会生产力极端落后,处于渔猎时代的人们只有集体行动才能生存,他们要在某一个特定时间聚集在一起去围猎野兽或张网捕鱼,甚至采取统一的军事行动,这就需要在这一人群中有一个相对统一的时间。也就是说,一定要有一个权威的人来确定时间,并公布时间计量的结果,这就开启了时间计量为社会活动服务的先河。

随着社会的发展,在中国古代的历代政权机构中都有专门负责时间计量的人。据《周礼》记载,在三千多年前的周朝就有好几位官员从事时间计量工作,其中甚至还有一位被称为鸡人的官员专门从事报时工作,这表明时间计量工作在那时已经为社会提供服务了。这种做法之后就一直延续了下来。直到近代,有些城市里还保留着钟楼、鼓楼之类的建筑,它们就是当地官方用钟、鼓给老百姓报时的地方。外滩的钟楼现在依然保持着这一传统,不过因为钟表的普遍使用,其作用已经不大了。

近现代的天文测时得到的结果也需要为人类社会服务才有意义。这并不局限于告知人们当时的时间。近现代国民经济的发展对时间服务提出了更高的要求。航海、航空事业的发展需要及时确定船舰、飞机等所处的地理经度,矿藏勘探、交通运输、大地测量、地图绘制、国境划定等工作都有相应的要求,现代天文机构进行的计时工作就是为此服务的。

上海的外滩有一个老上海人都习惯称其为"外滩天文台"的建筑——外滩气象信号台(图4-14)。它俨然就是一座高塔,昂然屹立在延安路外滩的黄浦江边已经有一百多年了,但实际上它只能算是一座信号台。徐家汇天文台在1884年就设置了航海服务部,最早是通

图 4-14　约摄于 20 世纪 30 年代的外滩气象信号台

过挂球或旗帜的方式进行气象预报，几年后才增添了发布标准时间，把信息传递给黄浦江上的大小船舶的服务。1884 年 9 月 1 日，外滩气象信号台正式启用，一开始只有一根悬挂气象预报标志的木杆和一间简陋小屋。由于木杆不够坚固，两次被风暴损毁。1907 年，法租界公董局将其改建成钢筋水泥的信号台，其底座宽 11.3 米、高 4 米，塔高 36.8 米，塔顶再竖立 9 米高的报时球桅杆，总高 49.8 米。新建的信号台于 1908 年 6 月 23 日启用。1926—1927 年又加建了塔下的附属建筑。每日上午十时，信号台上会升起信号旗，报告吴淞口外的风向和风力。信号台的"落球报时"服务开始于每天中午的 11 点 45 分，这时会有一个圆球徐徐升上信号杆，但是它并不直升塔顶，只升到一半就停住了；到 11 点 55 分，圆球才升至塔顶。这时候，黄浦江上所有轮船的值班海员都会举起望远镜，目不转睛地盯住那只圆球。只要见到它突然坠落下来，海员便立即校准船上的航海钟，因为圆球落下的那一瞬间正是 12 点 0 分 0 秒，这就是"落球报时"。外滩气象信号台的精准时间是从徐家汇天文台用摩尔斯电报发送过来的，后来在 1909 年又增加了每晚 21 时的闪光报时。闪光报时至抗日战争胜利后停止。随着无线电广播、电话电报等社会服务水平的提升，落球报时也于 1953 年 9 月终止。1957 年 2 月，外滩气象信号台才结束了全部信号服务。但是，这座造型别致的建筑已经融入"外滩万国建筑博物群",成为全国重点文物保护单位。1993年外滩进行市政改造工程,它被整体向东平移了20多米。

除"落球报时"服务外,徐家汇天文台还有通过无线电发布标准时号的服务。其服务对象遍及国防军事、航海航空、大地测量、铁路交通、广播电视以及其他有关行业。徐家汇天文台从1914年5月开始用无线电发播时号。中华人民共和国成立后通过广播电台发播时号。随着设备的不断更新和科研人员的不懈努力,上海天文台发播的时号的控制精度有了很大的提高,基本上能够满足全国各地用户的需要。他们根据时号可以校准正在使用的钟表,得到相对可靠的测量结果。

(2)精确的时间工作

上海天文台的时间工作包含四个方面的内容:测时、守时、播时和收时。将时号发播出去,就需要确定时号的误差,就要研究和确定时号改正数。

随着科学技术的发展,各行各业,特别是高新技术领域对时间的精度和服务的质量提出了更高的要求。广大用户接收到的时号的准确性涉及时间服务的质量,这需要积累一定数量的测时结果进行研究分析、综合处理。为确定时号的准确与否,科研人员还需在发播时号的同时也将它接收下来,并与天文钟对比。接收的有关数据保存下来可留待确定时号改正数。由于用户接收的时号不仅限于上海天文台一家,收时和确定时号改正数的工作也扩展到国内外用户常用的时号。

确定时号改正数是一项精细的数据研究分析与处理工作,它通常需要积累3个月的测时结果来进行综合处理。测时结果也不限于上海天文台一家。为了提高精度,通常需要综合多个天文台的测时结果,尽可能地消除或削弱数据中的各种误差,以便得到可靠的时号改正数,因为综合了多个天文台的测时结果,所以也被称为综合时号改正数。

时号改正数是时间测量、研究、服务工作的最后成果,它能客观反映时间工作的质量。上海天文台在确定了时号改正数后及时印刷《授时公报》等寄送有关用户,以便他们对当时的观测结果进行后期订正。

1950年,为了满足国防和国民经济建设的需要,上海天文台承担了我国的标准时频信号(BPV、XSG)的短波授时任务,向国家应用部门提供精确的世界时(UT1)和协调世界时(UTC),为国防和国民经济服务。1954年7月,在全世界40个无线电时号中第一次出现了用BPV呼号发播的我国自己的时间信号,这标志着我国现代时间服务工作进一步走上了正轨。

20世纪60年代中期,上海天文台的授时研究与服务的精确度进入国际先进行列。1965年8月,由上海天文台负责的我国"综合时号改正数",通过了由中科院副院长吴有训为主任的国家鉴定委员会的鉴定。同年12月,国家科学技术委员会(以下简称国家科委)发文同意了"综合时号改正数"的鉴定结论,并批准作为我国世界时基准,1966年1月1日开始启用。1978年,上海天文台负责的科研项目"世界时的精确测定"获得全国科学大会奖和中国科学院重大成果奖。随着我国世界时系统精度达到历史最好水平,1982年,上海天文台负责的科研项目"我国世界时系统的建立和发展成就"获得国家自然科学二等奖。

(3)闰秒:地球是一台走时不准的"钟"

我们说的世界时就是格林尼治时间,也就是英国格林尼治天文台的地方时。它是和地球自转紧密联系在一起的平太阳时。因为地球自转会引起太阳和其他恒星的东升西落,太阳在恒星之间又有以一年为周期的视运动。粗略地说,观测太阳得到的时间被统称为太阳时。

后来，人们发现太阳在恒星之间有以一年为周期的视运动，而该运动又是不均匀的。为得到均匀的时间，人们假设了一个能够相对均匀运动的平太阳，以其为基准就有了所谓的平太阳时。人们又发现同一时刻在不同地理经度的地方观测得到的平太阳时互不相同，因而又引进了地方时的概念。参观过"时间与人类"展室的人都知道北京时间并不是北京的地方时。1884 年在华盛顿召开的国际子午线会议上确定了全世界统一实行分区计时制，即规定以通过英国格林尼治天文台（旧址）的子午线为基准，根据地理经度向东和向西每隔 15°就划分出一个时区，共有 24 个时区，在同一时区内，都采用该区中央经线上的地方时作为该时区的标准区时。它与相邻时区的区时相差 1 个小时。我国地域辽阔，从东到西横跨五个时区。中华人民共和国成立后，我国统一采用北京所在的东八时区的中央经线（即东经 120°经线）的地方时，并称其为"北京时间"。而格林尼治天文台所在的时区就被称为零时区，其区时就是格林尼治时间。在任何地方观测得到的时间结果只要减去当地的地理经度，都可以非常方便地得到当时的格林尼治时间，也就是世界时。

由于地球自转并不均匀，且又受其他星球的摄动力等因素影响，不但有长期减慢的倾向，还会有季节性的甚至不规则的变化。所以，世界时当然也是不均匀的。如果把地球看成是一台钟的话，它的走时就是不均匀的。人们总是希望时间是均匀流逝的，因此就把这一希望寄托于数百万年只差一秒的原子钟。于是人们就依靠以原子振荡周期确定的原子钟建立了均匀的时间系统——原子时。既然原子时非常均匀，那为何又要闰秒呢？展室中的"怎能中午出太阳"展板解释了个中缘由：现代科学已经发现地球自转有长期减慢的趋势，在一个世纪内日长已经增加了千分之一秒。别看这个数字很小，经过 2000 多年的日积月累，地球自转变慢的总量将会超过 10 分钟！虽然原子钟的制作水平可以做到数百万年才相差 1 秒，比地球自转精确多了，用于计量时间是最理想的，但如果以现代的日长为基准用原子钟独立计时的话，日长变长的日积月累就会导致两者出现较大的偏离。如果一直以原子时作为人类唯一的计时系统，那么总有一天会出现时钟指向钟面上中午 12 点时当地才看到太阳刚刚升起的情况。考虑到在通常的情况下，每过一两年就会出现大约 1 秒的时间差，因此在 1971 年举行的国际计量大会上通过了决议：从 1972 年起，国际上开始使用"协调世界时"系统来计量时间。它是以原子时秒长为基础，但其时刻必须尽可能接近于世界时的一种时间计量系统。在它和"世界时"两者之差超过 0.9 秒时，就要将"协调世界时"拨快或拨慢 1 秒，使两者重新靠拢，这就是"闰秒"。闰秒可以视情况安排在 12 月 31 日或 6 月 30 日最后一分钟最后一秒之后。从 1972 年 6 月 30 日第一次闰秒以来，截至 2019 年终，已经进行过 27 次，且由于地球自转确实正在减慢，这些闰秒操作全部是增加 1 秒。最近一次闰秒是在北京时间 2017 年 1 月 1 日的 7 时 59 分 59 秒格林尼治标准时。由于北京时间比格林尼治标准时提早 8 小时，因此，我国的这一秒钟加在 2017 年 1 月 1 日 8 时前。在 7 时 59 分 59 秒后增加一个"闰秒"，并称其为 7 时 59 分 60 秒，再到 8 时 00 分 00 秒。事实上，从 1958 年 1 月 1 日世界时 0 时起开始使用，到 2006 年，原子时与协调世界时的两个计时系统已经相差 33 秒了，也就是说，地球自转减慢积累了半分钟左右。我国协调世界时的时号，由中科院国家授时中心发播，现在我们所用的时间就属于协调世界时系统。

二、中西天文学交流

　　在中国近代史上，上海海纳百川的人文传统使它成为我国中西科学文化交汇的中心之一。徐家汇天文台和佘山天文台的百年沧桑变化，在上海留下了中西方天文学交融的踪迹，见证了中国近代天文学的发展。一大批中外天文学家在上海的不懈努力推动了当时中外天文学交流，使上海得以成为中国近代天文学的发源地之一。

1. 中国近代天文学肇始

　　上海的环境优势和人文传统使其在近代成为引进、传播西方科学的中心和中西文化交流的桥梁。上海徐家汇天文台和佘山天文台的建立更成为中国近现代天文学肇始的重要标志之一。

　　西方科学文化在上海的传播可以上溯到明代大学士徐光启（图 4-15）引进西方科技知识以及他与西方传教士的交往。1843 年上海开埠以后，

图 4-15　徐光启

渐渐发展成为远东屈指可数的大商港。随着西方传教士等人员的纷至沓来,西方文化也在新的历史条件下更大规模地在上海落地生根,使上海成为中西方文化交流的枢纽之一。

(1) 科学先驱徐光启

徐光启是我国明末杰出的科学家,祖籍河南,早在他高祖一辈时就举家迁来上海。1562 年,徐光启出生于上海县太卿坊(今黄浦区老城厢的乔家路),可谓是地道的上海人。1597 年他考取乡试第一名,七年后中进士进翰林院。以后官至礼部尚书、文渊阁大学士,是上海历史上少有的大官,逝世后谥号"文定公"。他是上海本地最早的天文学家。在上海天文博物馆的"中西天文学交流"展室中,以明末徐光启打开与西方的科技交流之门为背景,用丰富的科技史料和文物展示了近代科学(特别是天文学)从西方传入中国的情况,可以看到近代天文学在上海地区的发展。徐光启在数学、天文、历法、测绘、水利、农学、军事等诸多领域都有很深的造诣和贡献,是最早学习并引进西方科技知识的人。

1600 年,徐光启在南京遇到意大利传教士利玛窦(Matteo Ricci),后即随他学习西方的天文、数学和水利等知识,从而最早接触到欧洲先进的科学知识,并将其介绍到中国来。1607 年,徐光启和利玛窦合译的《几何原本》15 卷的前 6 卷出版,这是中国最早出版的西方科学书籍。为求富国强兵,徐光启致力于引进和介绍西学,他说:"欲求超胜,必须会通;欲求会通,先须翻译。"他晚年在天文、数学和农业等学科上都作出了杰出贡献。徐光启在翻译《几何原本》时首创使用了点、线、面、平行线、直角、锐角等数学名词,十分贴切,一直被世人沿用至今,显示了其深远的影响。

利玛窦是一位渊博的学者,1583 年来到中国传教,"利玛窦"是他在与中国人交往时使用的中文名字。徐光启年轻时就与他有来往,学习到许多西方的科学知识,其中对数学和天文学特别有兴趣。在交往的过程中,徐光启敏锐地感觉到中国科学的落后,从而强烈希望迎头赶上。他认真地向那些精通科学的外国传教士学习,并且通过翻译和编写,把欧洲的一些科学知识介绍进来,为中国的科学技术,尤其是天文历法注入了新鲜血液。

徐光启主持编纂的《崇祯历书》(图4-16)是一套全面、综合介绍欧洲天文学知识的丛书,全书共46种、137卷。这部巨著从崇祯二年开始编纂,到崇祯七年完成。当时,明朝历局聘请来华的耶稣会的意大利人龙华民(Niccolo Longobardi)、瑞士人邓玉函(Johann Schreck)、德国人汤若望(Johann Adam Schall von Bell)、意大利人罗雅谷(Giacomo Rho)等传教士参与编译,翻译了许多欧洲图籍。丛书介绍并引进了大量的科学概念,对我国近现代天文学的发展具有一定的

图4-16 《崇祯历书》复制本

图 4-17 徐光启纪念馆

贡献。上海天文博物馆展示的《崇祯历书》是复制本。

徐光启逝世后归葬上海，后来的耶稣会传教士就在他的墓地附近建立了徐家汇天文台等。后来的上海天文台徐家汇园区也与改建为光启公园的徐光启墓园隔街相望。2005年初，光启公园内建成了徐光启纪念馆（图4-17），使徐光启墓园成为上海极具历史底蕴的科普教育基地之一。

（2）李善兰和伟烈亚力合译《谈天》

李善兰（图4-18）是清代数学家、天文学家，浙江海宁人。他从小在算学方面显示出很高的才能，参加科举考试落第后，他放弃了读书做官的念头，潜心研究数学。1853年，李善兰来到上海，结识了来自英国的耶稣会传教士伟烈亚力（Alexander Wylie）和艾约瑟（Edkins Joseph）等，合作翻译了许多西方科技书籍，比较重要的译著有欧几里得（Eulid）的《几何原本》15卷的后9卷，牛顿（Isaac Newton）的《自然哲学之数学原理》（中译本名为《奈端数

图 4-18 清朝数学家、天文学家李善兰

理》),约翰·赫歇尔(J. F. W. Herschel)的《天文学纲要》(中译本名为《谈天》,共 18 卷,图 4-19)。《谈天》的问世具有特别重要的意义,它首次把哥白尼的日心说介绍到中国,并系统介绍了当时天文学上的新发现和新理论,标志着中国近现代天文学的正式起步。这部书的影响一直延续到今天,现在许多天文学名词的中译名,例如星等、变星、双星、视差、赤道仪、自行、光行差等,都是该书的首创。

伟烈亚力是英国汉学家,1846 年来华,致力于传道、传播西学,并

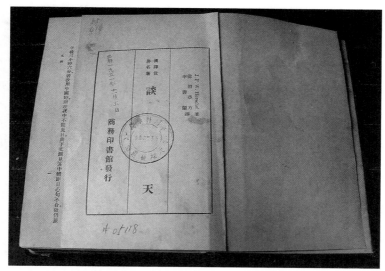

图 4-19　李善兰和伟烈亚力合译的《谈天》

向西方介绍中国的文化,他与李善兰合译了《数学启蒙》《代数学》等,在东学西渐方面的工作功不可没。

艾约瑟也是英国著名汉学家,1848 年来华,培养了一批学贯中西的学者,并出版了许多介绍基督教和西方政治、文化、历史、科学等方面的书籍,为中西文化思想交流作出了贡献。

2. 上海早期的天文台

(1)敬一堂观星台

敬一堂观星台(图4-20)位于原上海县的安仁里(今黄浦区梧桐路137号),建于1640年,可以说是上海最早的天文台。

图4-20 敬一堂观星台遗址

1639年,来自欧洲西里西亚的意大利耶稣会传教士潘国光(Francesco Brancati)到上海传教,在上海得到了徐光启一位孙女的帮助,于1640年在上海县城内的安仁里购买了一幢名为"世春堂"的宅院,改建成名为"敬一堂"的天主教堂,并在庭院里筑起一座两丈多高的观星台,在阶石上刻有地平方位角度。观星台上有日晷、沙漏、自鸣钟、望远镜和刻有黄赤道及经纬度等的仪器与计时工具。清顺治年间,潘国光受命测定东南躔度(即太阳在恒星中间的相对位置)。1657年,潘国光还进京参加了会测。1665年,清政府下令禁教,潘国光被迫离开上海,观星台就此荒废,它也是上海有记载的最早用望远镜观测天体的天文台,其位置就在今天豫园的东北方。敬一堂的部分建筑目前虽仍保存完好,但观星台早已找不到任何踪迹了,十分可惜。

(2)江南制造局天文馆和天文台

江南制造局是晚清洋务运动中建立的大型军工企业,以制造舰船为主。洋务派重臣曾国藩认为,不应该只注重制造技术而忽视学习先进理论,所以江南制造局又附设翻译馆,大量翻译西方科技、军事等书籍,还附设了培养人才的工艺学堂、格致书院等机构。

1995年,著名科技史专家、内蒙古师范大学李迪教授在《中国科技史料》第16卷第4期上发表了《简述江南制造局天文台》一文,指出在制造局内还设有一个天文馆和一座小型天文台,建成时间应在1866—1873年之间。该天文馆并非现在向公众传播天文知识的科普单位,而是负责编纂专用于海上船舶天文导航的《航海通书》(相当于后来的《航海天文年历》)以及三角函数表、对数表等计算用表的机构。在现存1871年由江南制造局根据英国《航海天文年历》译编的《航海通书》上,有"南汇贾步纬算校"的字样。贾步纬(江苏南汇周浦人,今属上海市)的算校不是简单地把英国历书中的数据原封不动地拿过来,而是将原来"依英都观象台之中线立算"(即以格林尼治子午线为起始),改为以北京的子午线为起始,另外还有两项根据中国人的习惯改动。这些改动势必带来巨大的工作量,而贾步纬却坚持这样做,直到1902年《航海通书》译编结束。

江南制造局除了有天文馆,还有一座天文台。制造局的出版物上明确记载,制造局附设有工程处,内有"测望台一所"。该局于同治五年至十二年的记事也提到"测量天文台一座"。李迪教授认为这两条记录说的是同一处,天文台应当是属于天文馆的观测场所。或许贾步纬需要经常到天文台上观测星辰,为他译编《航海通书》搜集数据和校验。

清代一位名叫李沺的湖北天文爱好者也在自己写的书里提到过江南制造局天文台。其撰写的《天文管窥》中介绍,根据太阳黑子的移动规律可以测定太阳的自转周期为14天,还说自己于光绪辛卯年(1891年)在"沪渎江南制造局中天文台细测之,数亦符合"。这说明该天文台在当年是具备开展天文观测工作的条件的。

关于江南制造局天文馆和天文台的文献记载非常罕见。1871年出版的《上海县志》内附有一幅《江南机器制造局图》（图4-21），图中工务局内确实有一处凸出于四周的建筑物，标明文字为"测望台"，估计这应当就是天文台了。

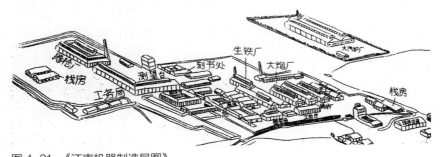

图4-21 《江南机器制造局图》

（3）徐家汇天文台

徐家汇天文台（图4-22）始建于1872年，是一座集气象、天文、地磁等观测功能于一体的综合观测台，是中国近代气象、天文、地磁等发展历史的见证。其地理坐标为：东经121°36′，北纬31°12′，海拔高度7米。

1840年，清朝在鸦片战争中失败，位于中国大陆海岸线的中点附近，扼守长江入海口的上海开埠后，帝国主义列强的商船和军舰纷至沓来。可是，当时的上海并没有先进的海事服务机构，而中国东南海域在夏秋季又经常有台风活动，对航海安全的威胁极大。为此，法国巴黎天主教会就

图4-22 100年前的徐家汇天文台

提出了在南京或上海建立观象台的计划，并得到了法国经度局的支持。在 1840 年夏天，法国耶稣会派了南格禄等三名传教士来上海进行考察，其任务包括在华东沿海地区建立一个含天文和气象观测的观象台。1844 年、1860 年，中法两国相继签订了《黄埔条约》和《北京条约》两个不平等条约。1847 年春，南格禄在徐家汇购地建立传道基地。从 1848 年 1 月起，传教士们就开始在徐家汇进行气象观测。但

图 4-23　法国科学家、传教士高龙鞶

徐家汇天文台的建设在 1872 年才排上日程，正式由三年前来华的法国科学家、传教士高龙鞶（Augustin Colombel，图 4-23）主持筹建，他也因此成为中国现代天文学的奠基人。高龙鞶曾在英格兰西北部的兰开夏郡的斯通赫斯特学院的斯通赫斯特天文台（创建于 1838 年）学习过天文、气象、地磁观测等。1872 年 2 月，徐家汇天文台在徐光启墓地附近的肇家浜慈云桥畔（蒲西路 221 号）处破土动工，兴建了天文台观测专用房（图 4-24）。在占地百余平方米的土地上建造了砖木结构的观测室，共两排五间平房，7 月完工，早期只有气象和黄道光观测。同年 12 月 1 日起，徐家汇天文台正式成立，先后开展了气象、天文、地磁观测。高龙鞶在创建徐家汇天文台时，在观测日志

图 4-24　1880 年拍摄的徐家汇天文台观测专用房

上记下了"1872年12月1日,徐家汇最低气温为4.8℃,最高气温为16.9℃"。

从1874年起,上海的英文报纸每天刊登徐家汇天文台前一天的气象资料。对台风的观测成果使其很快在国际上引起重视,上海的西洋商会也开始拨款资助它。1879年7月31日,强台风袭击上海,舰船损失巨大,于是在当时的上海工部局、中国海关、各轮船公司的支持下,成立

图4-25　1880年拍摄的徐家汇天文台

了一个气象预报服务机构,为中国海岸,特别是上海的沿岸航运服务。1880年,天文台在原房屋上加高一层为两层楼房,扩建办公楼并采购仪器,专门建立了航海服务部(图4-25)。从1882年1月1日起,徐家汇天文台正式向上海各报社发布中国沿海天气预报。1882年12月,中国的轮船招商局为航行安全需要,经两江总督左宗棠批准,架设了直通徐家汇天文台的电报线,以获得最新气象报告。上海天文博物馆收藏着徐家汇天文台第一任台长能恩斯(Marc Dechvrens)手绘的台风眼(图4-26)。

图4-26　能恩斯手绘的台风眼

1899年又在徐光启墓的东侧(现上海市气象局院内)另建了天文台新楼,至1901年落成。新楼中间的塔顶原为砖木结构,高约40米,后因房屋下沉,于1911年改装为铁塔,塔顶离地面高约35

米（图4-27）。1906年，
在天文台新楼的北面新
建了徐家汇天主教堂。

徐家汇天文台原以
气象和地磁观测为主，
进行黄道光、气象要
素和地磁的一般观测，
1884年才开始使用法

图4-27 1911年徐家汇天文台的塔顶由砖木结构
改为铁塔

国巴黎著名的天文光学公司戈蒂埃制造的小中星仪来测时，开始了天
文测时和报时工作，以后又增加了地震、授时等观测记录和研究项目；
1914年开始用无线电发播时间讯号；1930年应格林尼治天文台的邀
请参加了月掩星的国际观测合作，每年2次向格林尼治天文台邮寄观
测资料，供计算月球黄经、黄纬改正值用。徐家汇天文台由此成为中
国最早建立的现代天文观测机构，成为中国现代天文学研究的肇端。

毋庸讳言，早期在徐家汇天文台和后来的佘山天文台里担任主要
职务以及从事主要科学工作的大都是外国传教士。上海天文博物馆
展出的一张徐家汇天文台人员合影（图4-28），其中前排右起第三人
为佘山天文台创始人蔡尚质（S. Chevalier），他后来又担任了徐家汇天

图4-28 早期徐家汇天文台员工合影

文台总台长。

徐家汇天文台的主要出版物有：《徐家汇天文台观测公报》（*Bulietins des observations de Zi-Ka-Wei*），从 1872 年开始出版到 1935 年共出版了 61 卷；《徐家汇天文台物理气象记录》（*Notes de meteorologie physique observatoire de Zi-Ka-Wei*），从 1934 —1946 年共出版 10 册；《徐家汇天文台地震记录》（*Notes de seismologie observatoire de Zi-Ka-Wei*），从 1921 —1932 年共出版 12 册；徐家汇天文台于 1878 年开始出版《天文年历》（*Astronomical Ephemeris*），上海天文博物馆中现藏有 1878 年 1 卷、1903 —1932 年 30 卷，共 31 卷。《天文年历》按年度出版，是反映天体运动规律的历表。编算、出版《天文年历》是历书天文学的任务之一。

徐家汇天文台（1872—1949年）历任台长或负责人

序 号	台长或负责人	生卒年	来华时间	任期（年）
初　期	未设台长，由高龙鞶、能恩斯等人共同负责	1833—1905 1845—1923	1869年1月 1873年11月	1872—1879
第一任	能恩斯	1845—1923	1873年11月	1880—1887
第二任	蔡尚质	1852—1930	1883年10月	1887—1896
第三任	劳积勋（Aloysius Froc），法国人	1859—1932	1883年10月	1896—1914
第四任	田国柱（Henricus Gauthier），法国人	1870—1949	1905年11月	1914—1919
第五任	劳积勋	1859—1932	1883年10月	1919—1926
第六任	蔡尚质	1852—1930	1883年10月	1926—1929
第七任	劳积勋	1859—1932	1883年10月	1929—1931
第八任	雁月飞（Petrus Lejay），法国人	1898—1958	1926年5月	1931—1939
第九任	茅若虚（Ludovicus Dumas），法国人	1901—1970	1931年12月	1939—1949

1962 年 8 月 14 日，中科院发文合并徐家汇观象台和佘山观象台，

成立中科院上海天文台。原徐家汇天文台的台址,现称为上海天文台徐家汇科研园区,上海天文台的行政总部和大部分科研部门就设在该地。

上海天文台名称的变更情况

年　份	名　称
1872—1950	徐家汇天文台
1950—1962	中国科学院紫金山天文台徐家汇观象台
1962—1980	中国科学院上海天文台徐家汇部分
1980年至今	中国科学院上海天文台徐家汇科研园区

在英文中,天文台和气象台的英文都是"observatory","Zi-Ka-Wei Observatory"既可译成"徐家汇天文台",也可译成"徐家汇气象台"。早期的徐家汇天文台既从事气象观测和研究,也开展一部分属于天文学的观测研究,甚至还开展一些现在归属地球物理领域的业务(如地磁测量等)。只是当时的市民与媒体都习惯上称它为"徐家汇天文台"。

(4)"外滩天文台"

"外滩天文台"指的就是外滩气象信号台(图4-29),是上海市外滩的标志性建筑之一,于1884年建在当年的"洋泾浜"法租界的码头,被列为上海市优秀近代建筑保护单位和全国重点保护的建筑物。(关于"外滩天文台"的情况,请参阅本书"时间与人类"展室第4节"时间计量　服务社会"。)

图4-29　今日的外滩气象信号台

（5）佘山天文台

佘山天文台（图 4-30）始建于 1900 年，其地理坐标为：东经 121° 11′，北纬 31° 06′，海拔高度 95 米。当时隶属于江苏省松江县。

图 4-30　建设中的佘山天文台

法国天主教会在徐家汇建立了第一座天文台，虽然冠以"天文"两字，但其初期业务与天文相关的只有授时一项。一座天文台成立二十余年都没有开展其他像样的天文研究工作，连当时的传教士们都感到"天文"两字名不符实，于是就想另建立一座能开展各种研究项目的天文台。

在 19 世纪的最后几年中，徐家汇天文台的传教士们由耶稣会神父蔡尚质等人发起，向公共租界和法租界当局各募得 1 万法郎，又向英法轮船公司募得 1 万法郎，再由教会赞助 7 万法郎，共计 10 万法郎，向戈蒂埃公司定制了一架大型的口径 40 厘米折射望远镜，并订购了覆盖望远镜的铁制圆顶。

1898 年，40 厘米折射望远镜和穹顶由薄神父（Robert de Beaurefaire）从法国巴黎运到上海并负责安装，原准备安置在徐家汇天文台内，但因望远镜重达 3 吨，上面还要覆盖铁制的 10 米大穹顶，而徐家汇一带都是松软的泥地，难以承受其重量，于是只能在上海或周边地区另觅适当地址，最终选址在距徐家汇 30 千米处的西南郊佘山顶上。佘山山顶的坚固基岩足以承载大望远镜和大圆顶观测室，而法国天主教会早在 19 世纪 40 年代就在佘山从事传教活动，具有相应的人文基础。于是用船将 40 厘米折射望远镜和圆顶运到佘山，于 1900 年在西佘山顶上原小教堂的东侧建成了佘山天文台的主楼，并进行了 40 厘米折射望远镜和圆顶的安装。在圆顶室的东侧还建有现存的子午仪观测室，另外还配备了彗星照相仪、太阳黑子照相仪、太阳分光仪等天文仪器。至此，佘山天文台就初具规模了（图 4-31）。当时所建的 10 米天文圆顶是我国第一座现代天文圆顶观测室，安装的 40 厘米折射望远镜也是当时口径最大的。

图 4-31　佘山天文台轮廓初现

　　佘山天文台主楼的建筑具有西方教会风格，从空中俯瞰，建筑物本身酷似一个东西向横卧在佘山之巅的大型十字架，与相邻稍晚建成的教堂组成一道和谐的景观。其内部为高旷的穹顶建筑，室内有装饰着小型十字架雕刻的壁炉，呈典型的法式风格，还附设图书馆、金工场、实验室、暗房等。佘山天文台建立后，由创办人之一的蔡尚质任首任台长。蔡台长自从来到佘山后，白天观测太阳，夜里拍摄星辰，直至1925年他离开前的25年间，从未虚度过一个可以观测的晴天，留下了大量观测记录和天体照片，其观测对象包括恒星、大小行星、彗星、星团、星云等。

100多年过去了，佘山之巅的佘山天文台大楼仍然保持着原来的建筑风格，留下了不少时代的印记。房间层高4.8米，远远超过一般的住宅和办公楼。楼顶上铺的平瓦片都是100年前从法国马赛烧制后海运来的，每块瓦上均留有法文"马赛"字样。壁炉虽在1950年后没有使用过，但仍保存完好，不少富有宗教色彩的装饰图案风貌依旧。幸运的是，在上海天文博物馆筹建过程中还寻找到一组记录天文台建造过程的老照片，分别展示了开工前的佘山景观、施工中的佘山天文台（图4-32）、蔡

图4-32　建设中的佘山天文台

尚质带着年轻的中国助手勘测台址地形（图4-33）、刚完工不久的佘山天文台等。还有一张照片展示的是19世纪30年代安装一个小型望远镜观测室旁的风力发电机，当年佘山的许多设备都使用蓄电池，而这台风力发电机就是用来给蓄电池充电的。

佘山天文台曾开展对各种天体的观测，其中有小行星的照相定位观测、小行星群的普遍摄动研究、赤道星表

图4-33 蔡尚质（左）与助手勘测台址（1898年）

的编制，以及太阳黑子、太阳分光和太阳辐射等观测与研究。1910年还进行了对哈雷彗星的观测。

佘山天文台的主要出版物有《佘山天文台年刊》和《地磁公报》。

1907年创刊的《佘山天文台年刊》，到1942年为止，共出版了42卷。主编蔡尚质发表了大量的观测资料及科研成果，其中包括丰富的太阳观测资料、小行星摄动理论及计算结果、疏散星团的位置及自行、赤道星表等。中华人民共和国成立后，《佘山天文台年刊》于1954年恢复了编辑出版工作，又发行了4卷，故前后共发行了46卷。佘山天文台于1926年、1933年两度作为世界经度联测的三个基本点之一，参加了国际经度联测。佘山天文台科研人员还曾在美国《天文学杂志》、德国《天文学杂志》和法国《观测公报》等刊物上发表了多篇论文，主要成果有哈雷彗星1910年回归时的照相观测和研究、太阳直径的研究、太阳黑子和日珥研究、1122对赫歇尔双星的重测、1918年天鹰座新星的分光研究、利用爱神星冲日测定太阳视差的国际联测、星团的照相研究、赤道带 ±0°50′范围内包括14 000颗星的区域星表、

木星对小行星的普遍摄动研究等。

《地磁公报》从 1908 至 1945 年共出版了 25 卷。

由此可见,佘山天文台不仅以其近现代主要天文史迹以及代表性建筑而蜚声中外,也确实是我国天文研究的主要发源地之一。

佘山天文台(1901—1949年)历任台长

序　号	台　长	生卒年	来华年月	任期(年)
第一任	蔡尚质	1852—1930	1883年10月	1901—1926
第二任	葛式(Ludovicus Gauchet),法国人	1873—1951	1907年9月	1927—1931
第三任	卫尔甘(Edmundus de la villemarque),法国人	1881—1946	1922年9月	1932—1946
第四任	茅若虚	1901—1970	1931年12月	1947—1949

佘山天文台名称的变更情况

年　份	名　称
1900—1950	佘山天文台
1950—1962	中国科学院紫金山天文台佘山观象台
1962—1980	中国科学院上海天文台佘山部分
1980年至今	中国科学院上海天文台佘山工作站

20 世纪 70 年代以前的佘山并没有上山的公路,只有两条上山的小道。一条在佘山的正南方向,从中堂有十四个弯折的"经折路"直达山顶教堂,主要是神职人员的上山之路。另外一条在正东方向,由秀道者塔附近的一条长蛇状的步行小道直达山顶天文台,主要是天文台职工的上山之路。无论是天文工作者还是教会的神职人员的工作用品、生活物资,都是靠肩扛手提搬运上山的,那时还享受不到现代交通

提供的便利。1977 年 10 月,中科院专门制订了"佘山公路"建设任务书。经过近两年的建设,由正西方向上山的环山公路于 1979 年 9 月 28 日通车,全长约 1500 米,大大改善了上山的交通状况。2000 年还修缮了正东方向通往山顶的步行小道。

(6)菉葭浜天文台

菉葭浜天文台位于东经 121° 11′,北纬 31° 19′,海拔高度 3.3 米,建于 1908 年。

徐家汇天文台于 1874 年开始地磁观测,1901 年迁入今上海市气象局所在地,1904 年开始地震观测,最初引进的地震仪是日本的大森式倾斜仪。1905 年,法商有轨电车铺轨到徐家汇,为避免地磁干扰的影响,1908 年徐家汇天文台的地磁观测搬迁到距离徐家汇天文台 140 千米外的江苏昆山菉葭浜。同年建立了菉葭浜天文台,由 1898 年 10 月 30 日来华的法国传教士马德赉(Josephus de Moidrey)负责,主要从事地磁观测。后由于菉葭浜地名的变更,菉葭浜天文台更名为陆家浜验磁台。该台出版了《陆家浜验磁台》观测报告(图 4-34),1908—1935 年共出版 20 卷,主编为马德赉。马德赉在神父黄伯禄的协助下开展了整理"中国古代太阳黑子观测"的工作,并发表在《法国天文公报》上。该研究主要发现了太阳黑子活动有 10.38—11.28 年周期性,这一结果接近平均为 11 年的周期。当时的天文书籍、资料基本都由土山湾印书馆印刷出版。土山湾印书馆于 1876 年建立,主要进行西文印刷。

图 4-34 1918 年土山湾印书馆印制的《陆家浜验磁台》观测报告

该馆在中国近代新式印刷出版业兴起的过程中曾起过积极的作用，具有重要的地位。

　　菉葭浜天文台当时有小赤道仪一架、经纬仪两台以及一些气象仪器，使用的天文钟为马勒标准钟，每天 10 时准点与徐家汇天文台直通电话，以校对时间。该台 1922 年与日本合作对我国沿海作了地磁调查。1930 年地磁观测与研究工作又迁到佘山，在西佘山的东半山腰建起地磁观测记录室。经过两年的观测比对，1932 年佘山才正式开始进行地磁观测记录，菉葭浜天文台从此退出了历史舞台（图 4-35）。在菉葭浜天文台存在的 20 余年间，一直由马德赉担任台长。

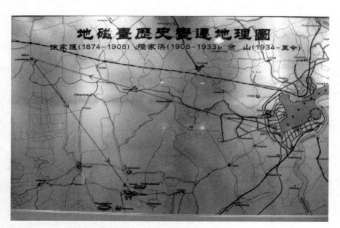

图 4-35　上海地磁台历史变迁地理图

三、观测天体的利器——天文望远镜

天文学是一门观测科学。在人类可以对宇宙中的天体进行身临其境的考察之前，人们对它们的了解只能借助于目视观测。天文学中的各种理论也都是建立在观测得到的信息基础之上的。人类的肉眼视力终究有限，天文观测必须借助于各种设备，于是天文望远镜就应运而生了。在伽利略将望远镜对准天空后不久，天文望远镜很快就传入了中国，并在上海的天文观测工作中发挥作用。上海天文博物馆中的 40 厘米折射望远镜和馆藏的各种早期的天文望远镜都曾为人们观察太空的绚丽景观、探索宇宙的奥秘作出过贡献。

1. 望远镜的发明

在我国山东省嘉祥县出土的一块东汉末期的画像石上，有一幅关于"北斗七星"的图案，近两千年前的古人将北斗七星描绘成一辆皇帝专用的"帝车"（图 4-36）。这幅石刻图案的右边有个令人玩味的细节：一个长着翅膀的小人捧着一颗小星，似乎要将它摆在斗柄中第二

开阳　　　辅

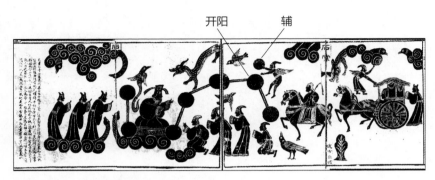

图4-36　山东嘉祥武氏祠"北斗帝车"石刻画像拓片

颗星的旁边。原来，那第二颗星名叫"开阳"（大熊座 ζ 星），在它旁边还有一颗较暗的星，中国古代称它为"辅"，只有视力很敏锐的人才能看清楚那里有两颗星。所以，古代阿拉伯人征募新兵时就曾将它们作为天然的视力检测表。在人类发明了望远镜后，只要用很小的玩具望远镜就能轻易分辨出它们。由此可见，天文望远镜确实是人们观测天体的利器。

我国古代的河南登封县告城镇的周公测景台和北京东城区的北京古观象台，当时都仅有用肉眼进行观测的简单测量仪器。北京的古观象台的遗迹一直被保留至今。17世纪以前的天文学家都是直接用肉眼观测天体的。他们只能够观测和记录天体粗略的位置、亮度、颜色等特征，大致了解其运行规律。至于天体的物理和化学特性，甚至太阳和月球的表面状况，都只能靠猜想，无法加以验证。人眼的分辨力终究有限，勉强能看到太阳表面很大的黑子群就已经很不错了；虽然能看到月面上的阴影，但对月面上的细节就无能为力了。

1608年，在荷兰米德尔堡的一家眼镜店里，有个小学徒拿了几个磨好的眼镜片在玩耍。他把一片近视镜片（凹透镜）靠近自己的眼睛，在其前面又放了一片老花镜片（凸透镜），透过这两片镜片四下看来看去，惊奇地发现远处的物体仿佛一下子被拉近了，可以看得很清楚。他等到师傅利伯希（Hans Lippershey，图4-37）回来后就说起这件事，利伯希拿起镜片来试验后，证实了这个现象，于是就把这个发明申请了专利，望远镜的原理就这样被发现了。后来，荷兰人很快就将这种望远装置用在航海上。一年后，伽利略得知了这项发明，

图 4-37　望远镜的发明者利伯希

当天就做出了一根"可以窥视的管子"，通过这根管子，能把远处的物体放大两倍。伽利略本来是希望把望远镜用于海上作战的，但是他很快就把望远镜对准天空去观察天体，世界上第一台天文望远镜由此诞生了，从此引发了天文学上的一场翻天覆地的革命。

当时的欧洲人仍然把2000年前古希腊学者描绘的宇宙体系奉为经典，认为地球是宇宙的中心，一切天体都在发光，而且是完美无瑕的，它们都环绕着地球转动。虽然后来哥白尼提出了"日心说"，指出太阳才是宇宙的中心，地球只不过是环绕太阳运转的一颗行星，但是他的学说因为缺少足够的观测证据，并未得到广泛的认同。但在伽利略把望远镜指向天空以后，很快就获得了六项重大的发现，其中有些发现是对哥白尼日心说有力的支持。

第一，伽利略从望远镜中看到月球的表面相当粗糙不平，月面上布满了坑穴，明暗的轮廓和地貌有些相似。这在当时是一个惊人的发现，它使人们第一次觉察到月球上有类似的山地和平原结构。

第二，他发现太阳表面经常有一些缓慢移动的黑点，这就推翻了神学中"天体完美无瑕"的说法。由于太阳非常亮，伽利略用望远镜观

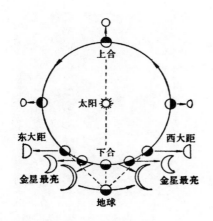

图 4-38　金星位相示意图

察太阳也付出了代价：他晚年双目失明很可能就与此有关。

第三，伽利略从望远镜中观察到金星的位相变化，证实了哥白尼关于金星像月亮一样存在位相变化的预言。上海天文博物馆展示的关于金星位相的示意图（图 4-38）中，大圆是金星的运行轨道，下方一段圆弧是地球绕太阳公转轨道的一部分。我们知道，金星和地球都围绕太阳运行，金星轨道在地球轨道的内侧，图中显示了金星和地球与太阳的相对位置，以及从地球上能够观测到的金星的影像。例如，当金星和地球同处于太阳的一侧且排成一线时，即图中最下方标注"下合"的位置，金星正好以背阴面对着我们，这时就看不到金星了。当金星向右方标注的"西大距"的相对位置运行时，金星就逐渐从月牙状变化为半月形。而当金星和地球分处太阳的两侧，即图中最上面那个标注"上合"的位置时，我们看到的就是一个形如满月的金星。这样一种位相变化用当时流行的地心学说是无法解释的，而用哥白尼的日心说来解释就十分自然，从而成为支持哥白尼日心说的一个重要证据。

第四，伽利略从望远镜中看到木星的近旁有四颗小星，经过一段时间的观测，伽利略证实它们不是远处的恒星，而是围绕木星运转的卫星。现已发现木星有数十颗卫星，伽利略观测到的是其中最大的四颗，它们后来被称为"伽利略卫星"。这一观测事实从另一个侧面佐证了日心说，因为既然有许多卫星绕木星运转，那"所有天体都围绕地球运转"的地心说就难以成立了。木星和它的卫星系统本身就很像一个小小的太阳系。

第五，在用望远镜观测土星时，伽利略发现土星两侧都有一个神秘的"附加物"，好像是三个物体合在一起。在伽利略的日记中，这一现象被描述成土星的"小耳朵"。后来的观测者使用更大的望远镜来观察土星，直到 1659 年，荷兰天文学家惠更斯才终于发现，神秘的"附加物"其实是环绕土星的光环。

第六，通过望远镜观察银河时，伽利略发现这条雾状的光带实际上由无数颗星星组成，这使他惊讶不已。人们也由此认识到宇宙远比古希腊学者想象的要复杂得多。后来的科学研究表明，银河是银河系的一部分。银河系是由几千亿颗恒星以及各种气体和尘埃物质组成的庞大天体系统，我们的太阳系只是银河系中一个十分普通的恒星系统。

伽利略的这六大天文发现充分展现了天文望远镜的强大功能，为天文学开辟了广阔的发展前景。随着天文望远镜制作技术的不断发展和性能的不断提高，它已成为观察天体、探索宇宙奥秘强有力的武器。

望远镜在发明不久后就传入中国，中国早在明末就开始使用望远镜了。而那已不是伽利略时代简陋的"可以窥视的管子"了。我们不妨去领略一下近代望远镜的风采吧！

2. 望远镜传入中国

在伽利略发明天文望远镜后仅五六年，望远镜就被带进了中国。在上海、南京等地传教的葡萄牙天主教耶稣会传教士阳玛诺（Emmanuel Diaz）于 1615 年在北京刊印了一本介绍西方天文学知识的

图 4-39 《天问略》

著作《天问略》(图 4-39)。书中介绍道："近世西洋精于历法一名士营创一巧器"，这里的"名士"指伽利略，"巧器"则指望远镜。用这种"巧器"观测月球、木星、金星等天体，与肉眼所见有很大差异。阳玛诺本人就精通天文历算，1623 年曾担任耶稣会中国教区会长，他最早在中国介绍了伽利略望远镜和伽利略的天文发现。

1626 年，德国传教士汤若望来中国传教，他编写了一部《远镜说》，比较详细地介绍了望远镜，并附有插图，使读者能够更直观地了解望远镜。在明末崇祯年间，徐光启编撰《崇祯历书》时，就曾申请官方制作三台望远镜。可见，中国在明末，官方已经开始使用天文望远镜了。1644 年，汤若望被任命为清朝钦天监的第一任监正，是西方传教士中最早担任清朝皇家天文台台长的。汤若望是将西方科学技术介绍到中国的重要人物之一，在中西科学技术交流上起了重要的作用，被称为"中德科技交流的先驱"。

3. 崇祯皇帝和望远镜

明崇祯二年(1629 年)，礼部左侍郎徐光启负责督修历法，向朝廷请求仿造一批西洋天文仪器，包括象限仪、纪限大仪和望远镜等。崇祯三年冬十月辛丑日，北京的明朝历局首次用在中国制成的望远镜观察日食，同时验证西方预报日食的准确程度。当时预报日食和月食发生的时间可以准确到分钟级，这是当时所能达到的最高预报精度。1634 年，汤若望等传教士将一架带来的望远镜献给崇祯皇帝，后来崇祯皇帝曾用它观测过日食和月食。

　　徐光启主持编纂的《崇祯历书》是对中国天文学发展的一大贡献。这部书里虽还没有采用哥白尼的日心学说,而是介绍了丹麦天文学家第谷(Tycho Brahe)的"行星环绕太阳,太阳环绕地球"的折中宇宙体系,但还是介绍了许多科学概念,使中国古代天文学从传统的代数学体系开始向欧洲古典的几何学体系转化。

　　上海天文博物馆展出了从《崇祯历书》中复制的望远镜里看到的月亮图,图中画出了月面上的环形山、平原等地形,还展出了《木星旁小星图》,显示了最早由伽利略发现的木星四个卫星围绕木星运转的情形(图4-40)。它们是伽利略自己绘制的观测图,在其发表后不久就出现在《崇祯历书》中,表明当时西方相对先进的天文学知识传入中国的速度是很快的。

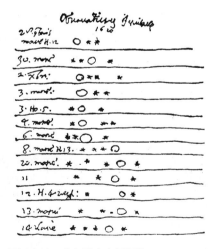

图4-40　《木星旁小星图》

4. 天文望远镜的沿革

　　与普通望远镜不同,天文望远镜的观测对象是浩瀚的宇宙,这就需要满足一定的技术要求。根据天文观测的需要,它要能够放大天体在视场中的张角,使人眼能看清天体的细节;又要能用口径尽可能大的物镜收集更多的光信号,将其汇聚成像,使得观测者能发现原来看不到的暗弱天体。这些都是普通望远镜难以做到的。

光学天文望远镜通常分为三大类:一是用透镜作物镜的称为折射望远镜;二是用反射镜作物镜的称为反射望远镜;三是兼用透镜和反射镜作物镜的称为折反射望远镜。上海天文博物馆现拥有前两类光学天文望远镜。

20世纪30年代初,又出现了一种专门观测和研究来自天体的射电辐射的射电望远镜,不仅大大扩展了人类接受天体信息的范围,而且射电波的观测不受天气条件和日夜变化的影响,可以全天候观测,这就大大拓展了天体信息的来源,使天文学家在观测"光学宇宙"的同时,又观测到一个更为丰富多彩的"射电宇宙"。上海天文台多年来也开展了射电天文的研究工作,拥有了相应的射电望远镜。上海天文博物馆对此也有相应的展品或展板给予介绍。

(1)40厘米折射望远镜——远东第一镜

40厘米折射望远镜(图4-41)是上海天文博物馆的镇馆之宝,它

图4-41 佘山天文台的40厘米折射望远镜

是19世纪末的产品，20世纪初安装在佘山天文台。它是当时远东最大的天文望远镜，人们通过它取得的丰硕科研成果本身就是一部上海照相天体测量学的发展史。将其称为当时的远东第一镜，一点也不夸张。

100多年来，这台望远镜和安置望远镜的大圆顶观测室稳稳地坐落在西佘山顶部的岩石上，至今完好无损。它是由戈蒂埃公司制造的，在主要部件上可以清晰地看到"1898 Paris"的铭文，另一些部件上面则刻有"1899"的出厂年份。

望远镜高高架设在直径10米的圆柱形观测室中，其光学部件安装在两根长方体钢制镜筒中。镜筒中分别安装了基本相同的光学系统，其物镜的口径都是40厘米，所以叫"40厘米双筒折射望远镜"。为什么要把两个几乎相同的光学系统并排装在一起呢？这是因为它们各有用途。其中一个的下端装配了目镜，可通过它直接用眼睛观测天体；另一个的下端装配的则是用来拍摄天体照片的底片盒。也就是说，它可以对同一天空区域同时进行目视和照相观测。照相观测获得的天文底片可以长期保存，以便对其进行反复研究，获取充分的天体信息。更重要的是，照相观测可以记录下许多肉眼看不到的信息。例如，在长时间跟踪曝光拍摄的底片上可以显示出许多肉眼看不到的暗星，看到彗星的彗发、彗尾等精细结构，也可以用来研究星云、星团、星系的结构等。所以在20世纪中期以后，天文学家十分重视照相观测。望远镜的可转动部分重达3吨多，但是由于设计合理，它可以绕赤经和赤纬轴转动，对准天空中不同位置的天体进行观测。顺便说一下，同类型的双筒折射望远镜在我国还有一台。它于1932年安装在山东省青岛市观象山之巅的青岛观象台中（当时称胶澳商埠观象台），其口径稍小，但也有32厘米，是德国蔡司公司制造的，其天文圆顶的

图 4-42 青岛观象台口径 32 厘米双筒折射望远镜

直径是 7.8 米。如果有机会到青岛去,不妨去探访一下佘山天文台双筒折射望远镜的小妹妹(图 4-42)。

天文台里最引人注目的往往是银白色的圆顶建筑,它们通常都是天文台中安置望远镜的观测室。与一般房子不同,其屋顶通常呈半球形,由钢板制作,安置在轨道上可以随意移动。佘山天文台的圆顶直径是 10 米,建成时并没有电力驱动,需要用人力通过齿轮系统旋转,还是相当费力的。在半球形的壳体上有一扇狭长的窗口,配有 6 组共 12 块遮窗挡板,可以按观测需要,由人工操作将窗叶沿水平方向开启或关闭。每当晴朗的夜晚,人们就可以看见天文台的白色圆屋顶在轨道上慢慢地转动,以便将窗口转到准备观测的方向。此时拉动窗口的挡板,打开需要观测的天区方向的挡板,其他挡板则关闭,以减少天光对照相观测的影响。天文学家们从望远镜上摘下布罩和镜盖,坐在能够上下左右自由移动的座椅上,能方便地将望远镜对准所需观测的天体,目视寻找、观测、跟踪天体,并进行照相观测。

为了保证观测到的星象在天文底片上有充分的曝光时间,望远镜观测时需要让星象在天文底片上的位置保持不变,也就是说,望远镜要跟随天体从东向西缓慢转动,进行跟踪观测。这就需要具备依天体周日运动速度转动的装置。40 厘米折射望远镜有两根相互垂直的赤经轴和赤纬轴。赤经轴的中心轴线指向北天极,以保持与地球的自转轴平行, 其指向的地平高度就等于当地的地理纬度。望远镜的镜筒可以绕着赤纬轴转动, 以便对准需观测的天区, 这时使用跟踪装置就可以使望远镜自东向西绕极轴缓缓转动, 其速度保持与地球自转同步, 从而保证望远镜长时间指向被观测的天区, 该天区中所有天体的星象在天文底片上的位置就能保持不变, 控制照相机快门的启闭时间就可保证天文底片的充分曝光。这架望远镜的跟踪装置原来采用的是重力驱仪钟系统, 其原理和有些用重锤驱动的老式钟表十分相似。在观测前, 先把沉重的圆柱形铅块提升到高处, 然后利用其重力, 通过齿轮组带动望远镜进行跟踪观测。当然, 齿轮组的转动速度是需要控制的, 使望远镜按照恒星时推移的速度转动。20 世纪 60 年代, 上海天文台的科技人员对设备进行了更新, 利用电动装置取代了人力操作, 不但实现了 10 米大穹顶电动的 360° 旋转, 观测者的座椅也可用电力移动, 望远镜的跟踪装置也改进为电机驱动, 使观测条件大为改善(图4-43)。天文学家的夜晚观测是十分辛苦的, 每次观测都高度紧张、聚精会神, 眼睛一眨不眨地盯着观测目标跟踪拍摄, 以做到不遗漏任何观测目标, 保证观测质量。因为天空不是永远无云和晴朗的, 上海每年通常也只有 100 多天的晴天, 梅雨季节有时一连好几个星期都是阴雨连绵, 所以天文学家会重视任何一个晴朗夜晚的

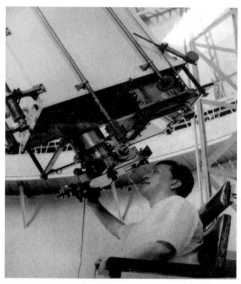

图 4-43　原上海天文台副台长万籁在操作改进过的 40 厘米折射望远镜

天空,甚至有时半夜天气变晴朗也要观测。他们还会在深更半夜起来进行观测,就这样长年累月地辛勤耕耘着。

望远镜的观测座椅由铁条焊成,安装在望远镜目镜端的下方,可以在直径为 3 米的圆轨道上随着望远镜左右移动,并能上下升降,以确保观测者方便地操作天文望远镜。

望远镜的观测室大约有 80 平方米,其内壁四周有七个壁橱,其中有一个是专门用于装取天文底片的暗房。其他则用于安放与观测有关的物件,现在分别展出了如下早期天文观测所需的望远镜辅助仪器设备等。

① 天文照相器材:圆顶观测室的壁橱里展示了在望远镜上使用过的各种底片夹,以及英国伊尔福、美国柯达、德国爱克发等品牌的天文底片及底片包装盒。拍摄天体照片用的天文底片都是特制的对暗弱光源高感光灵敏度的玻璃底片,不仅灵敏度高,而且颗粒细,都是用极平的特制玻璃作基底的。观测时天文底片必须先装在底片夹中,再安装到望远镜的照相设备上。底片夹有木质、铜质、铝质等多种类型。

图 4-44　天文摆钟

② 暗房:照相底片的安装与取出需要在黑暗处操作。圆顶观测室进门处右边第一个壁橱,就是用来在底片夹上装卸天文底片的简易暗室,100 多年来仍保持着原样。佘山天文台大楼内另外还有两间暗房,拥有一整套暗房操作设备,专门用于冲印天文底片。

③ 恒星钟:另一个壁橱里安放着两台天文摆钟(图 4-44)。根据

天文观测的特殊需要,其中一台摆钟是按照恒星时运行的,这使天文观测更为便利。恒星时系统和我们日常生活中使用的平太阳时不同,它们分别是根据春分点和平太阳的时角确定的。春分点是太阳运行的黄道与天赤道的交点之一,平太阳则是天赤道上的一个假想的点,它和太阳的位置比较接近,对其作了必要的调整,使其能在天赤道上均匀运行。用其确定的时间相对比较均匀,而直接由太阳的时角确定的真太阳时,则因受多种因素的影响而不太均匀。按照恒星时和平太阳时走的钟分别称为恒星钟和平时钟。恒星钟每天比平时钟快3分56.5554秒。从历史照片上看,这台通过改造的英国伦敦的恒星钟在40厘米望远镜投入使用时就已存在,到暂停使用时为止,它已走了差不多一个世纪。现在如果要使用,它依然能正常运行。

④ 观测室内还展出了望远镜观测用的一些附属设备,包括观测太阳用的投影板、用于对照相底片上的天体进行精密测量的测微器、用于直接目视观察太阳的偏振镜、拍摄太阳黑子专用的快门、各种倍率的目镜、测试望远镜光学性能的哈特曼屏、望远镜拍摄高亮度天体时需要在物镜前加装的光阑、安装在物镜前面用于光谱观测的光栅,以及为望远镜提供驱动力的铅质重锤、离心调速器和齿轮箱等。

除40厘米折射望远镜外,上海天文博物馆还收藏有彗星照相仪(短焦距大视场的天体照相仪)、动丝测微器、太阳偏振镜、太阳黑子照相仪、太阳分光仪、小赤道仪、用来校钟的子午仪和测量底片的坐标仪,以及各种类型的小望远镜。前文已经谈到过,"中星仪""等高仪"都是小型的专用折射望远镜,这里就不赘述了。

(2)口径1.56米反射望远镜

折射望远镜的成像原理是让光线穿过透明物镜,在物镜另一边聚焦成像。这种望远镜的缺点是造价高、制造过程复杂,望远镜的物镜因焦距长而必须远离地面,这也增加了设计大口径望远镜的难度。而为了观测来自更远天体的微弱信号,增大口径又是必须的。但物镜越大,要得到大尺寸的无瑕疵的光学玻璃材料就越困难,其重量也对镜筒提出了更高的要求,物镜本身也会在使用中因为角度变化而出现变形,影响成像质量。这些都限制了折射望远镜向增大物镜口径的方向发展。目前,世界上最大的折射望远镜口径也只有 1.02 米,制成于 1897 年,安装在美国叶凯士天文台。从这以后就再也没有制造过更大口径的折射望远镜。

于是,反射式望远镜诞生了。从 20 世纪开始,大型光学天文望远镜都是反射式的,这种望远镜的物镜是反射镜,制造难度和成本远低于相同口径的折射镜。而且反射望远镜的重心可以很低,其支承结构与折射望远镜相比也可大为简化。

随着时代的发展,佘山的 40 厘米折射望远镜已不能满足天文科研的需要了。为继续开展照相天体测量工作,1974 年上海天文台的科技人员经过几年的调研,了解到美国海军天文台于 1964 年投入使用的 1.55 米反射望远镜是一架用于恒星三角视差测定的天体测量望远镜,能够满足有关需要。恒星三角视差的测量工作,即用三角学方法测定恒星距离,是天体测量学中的一项基础性工作。到 20 世纪 70 年代末,使用这架望远镜已经测定了数百颗恒星的三角视差,最暗的星等能达到 15 等左右,精确度达到了 4 毫角秒。当时,世界上已有 20 多个天文台开展了恒星三角视差的测量工作,而我国却还没有开展。为此,1978 年上海天文台原副台长万籁提出了研制口径为 1.56 米天体测量望远镜的课题。经过 10 年自力更生的奋力拼搏,一架口

图 4-45　1987 年投入使用的口径 1.56 米反射望远镜

径为 1.56 米的反射望远镜终于在 1987 年屹立在新建的观测室中（图
4-45）。经过 2 年的观测，该望远镜于 1989 年 11 月通过了由我国著
名光学专家王大珩院士领衔主持的中国科学院的院级鉴定。在鉴定
会上，王大珩院士按捺不住内心的激动，当场赋诗一首：

> 一米五六窥星芒，天体测量斯为纲。
>
> 自力更生净国产，大力协同机电光。
>
> 艰苦奋斗十五载，赶超国际非寻常。
>
> 庆兹揭竿成硕果，尤看争妍在群芳。

"1.56 米天体测量望远镜"项目于 1990 年荣获中国科学院科技进
步一等奖，于 1992 年荣获国家科技进步一等奖。项目总负责人、上海
天文台朱能鸿研究员于 1995 年被评为中国工程院院士。

（3）口径25米和65米射电望远镜

众所周知，可见光、红外线、紫外线、无线电波、X 射线和 γ 射线
都属于电磁辐射。天体不仅会发出可见光辐射，也会发出其他波段的
电磁辐射。现代天文学家为收集相应辐射的信息，研制出用于观测电
磁辐射的望远镜——射电望远镜。

早在 19 世纪后期，美国发明家爱迪生（Thomas Alva Edison）等科学家就预言，太阳和其他恒星都可能发出电磁辐射。20 世纪 30 年代初，美国年轻的无线电工程师央斯基（Karl Guthe Jansky）在研究越洋无线电话通信受到静电干扰时，发现了一种周期性的干扰信号，它以 23 小时 56 分的周期重复出现。央斯基起初怀疑该干扰来自太阳，经过一年多的测量和分析，他发现该干扰是与恒星时同步的，跟太阳并没有关系，应该来源于其他天体。1932 年，央斯基发表文章宣称：这是来自天体的无线电波，是来自银河系中心的射电辐射。在第二次世界大战期间，由于雷达的大量使用，技术人员发现了更多来自天空的无线电辐射。特别是有一次伴随太阳耀斑爆发而突然出现对雷达电波的强烈干扰，差点被误认为是敌方大规模行动的前奏。二战结束后，射电天文学就蓬勃发展了起来，这为天文学家打开了一扇新的观测窗口，在天文学的发展史上开创了用射电波研究天体的新纪元。

在东佘山的东麓、月湖的南岸，坐落着一架口径 25 米射电望远镜（图 4-46）。它建成于 1986 年，是我国第一架口径 25 米射电望远镜，也是最早用于甚长基线干涉技术（VLBI）观测研究的天文设备。多年来，它一直从事天体物理和天体测量观测。除了研究遥远的星系等天体，还与分布在全世界的国外大型射电望远镜

图 4-46　1987 年投入使用的口径 25 米射电望远镜

合作进行 VLBI 观测。将好几只"眼睛"并联在一起，就能形成一架直径上万千米的望远镜，对观测目标的细节可以看得更清楚。

2012 年 10 月，在西佘山的西侧又竖立起一架口径 65 米的射电望远镜，它被命名为"天马望远镜"。其高达 70 米，整个天线结构重约 2640 吨，可全方位转动（图 4-47）。这架射电望远镜除开展天体物理学研究（如研究星际物质分布、星系结构以及恒星的形成和演化过程）外，也参加了 VLBI 观测，为我国深空探测航天器引路导航。

2007 年 10 月，中国发射首颗探月卫星"嫦娥一号"，佘山的 25 米

图 4-47 口径 65 米射电望远镜落成仪式

射电望远镜参加了"嫦娥一号"绕月卫星的定轨工作，圆满地完成了任务。2010 年，它又为"嫦娥二号"绕月卫星承担了类似的测轨护航工作。

2013 年 12 月，天马望远镜全程参加了"嫦娥三号"着陆器和月球车的 VLBI 观测定轨和定位任务。之后又成为执行"嫦娥四号""嫦娥五号"以及飞往火星的"天问一号"探测器观测定轨任务的"瞭望哨"。

2016 年 9 月 25 日，我国贵州省黔南布依族苗族自治州平塘县克度镇大窝凼的喀斯特天然洼坑中落成了目前世界上最大的单口径射电望远镜。其球面天线口径为 500 米，面积达到 25 万平方米，相当于

30 个标准足球场。人们亲切地称它为"中国天眼"。它的结构与天马望远镜有些不同,其 500 米球面天线基本上是固定不动的,不能主动地去搜索目标,只能观测从上方经过的天体信号,但可以通过移动悬吊在天线上方的馈源来调整观测目标。

5. 佘山天文底片库

佘山天文底片库是我国天文界最早珍藏天文底片的底片库,也是上海天文博物馆的镇馆之宝之一。众所周知,19 世纪末至 20 世纪初照相技术的应用是天文观测技术发展的第一个里程碑。为了妥善保存历年来照相观测的天文底片,在观测室的西侧墙壁处建了一条宽约 1 米的向下楼梯,直接通向天文底片库。天文底片库建在 40 厘米折射望远镜基础的四周冬暖夏凉的半地下室里,面积约有 80 平方米。天文底片库珍藏着自 1900 年以来用 40 厘米折射望远镜所拍摄的 7000 余张天文底片(尺寸为 24 厘米 × 30 厘米的玻璃底片)。这些玻璃底片上的药膜以含有颗粒影像的明胶为主,对温度、湿度和化学物质非常敏感。在没有恒温设备的年代,利用冬暖夏凉的地下室、半地下室,并放置干燥剂,可以确保天文底片不发生霉变而长期保存。

天文底片是天文学家辛勤工作的成果。天文底片库珍藏的照相底片的科研价值是不容小觑的,其中有星团、星云、双星、变星、新星、小行星、彗星、河外星系、射电星、太阳及日月食等各种天文底片。它们为天文研究提供了宝贵的资料。上海天文台的科研人员就曾经利用这些天文底片,开展了星团赫罗图,天体的年龄、距离、质量的确定,以及天体结构、演化、运动学、动力学等诸多方面的研究,也开展了以河外星系为参考系的恒星绝对自行的测定和研究等。

6. 难得一见的望远镜度盘

人们使用的角度的度量制通常是 360 度制，即将一圆周划分为 360°，1°为 60′，1′为 60″。但在上海天文博物馆中有一件特别稀罕的展品，它被称为"望远镜度盘"（图 4-48）。其望远镜主体虽然已不复存在，但这个底座上的度盘却把人们的目光带到了一个特殊的历史时代：度盘上分明在一个圆周上刻了 400 条分划标记！清晰的"Brumner La Paris"字样显示它是在法国巴黎制造的。

图 4-48　18 世纪末法国制造的 400 度望远镜度盘

直角用百分制计算是法国大革命时期的一种改革。当年法国制定国际公制时是想把角的度量制与其他量度换算都确定为十进制，故出现了角的百分制。它是把一个直角分成 100 等分，每一份称为 100 分度；每 100 分度又等分 100 等分，每一份称为 1 分；每分再等分为 100 等分，每一份称为 1 秒。度、分、秒分别记作"G""′""″"，在法国著名数学家和天文学家拉普拉斯（P. S. Laplace）的《宇宙体系论》第五版和第六版（1835 年巴黎出版）中，就采用了直角 100 等分制。书中写道，1801 年初黄道与赤道的交角为 $26^g.07315$，用的就是角的百分制。若改为现今的六十分制测角单位（度），应乘以 0.9，得到 $26^g.07315=23°.46584$。由于角的六十分制在计算上终究有其方便之处，故角的百分制并未能在世界上推广，它只存在了不长的一段时间。

这件采用角百分度量制的展品对我们来说当然是难得一见的，弥足珍贵。

四、子午仪观测

子午仪是徐家汇天文台和佘山天文台早期使用的天文仪器,主要用于天文测时和经度测定。为了使仪器稳定,子午仪通常被安装在花岗岩的基墩上,基墩直接与山体相连。

1. 原理

地球自西向东自转,自转一周大约为 24 小时,它就像一座"标准钟"相对均匀地运行。在地球上某一固定地点上看来,恒星依次从东向西通过当地的子午线。天文上的子午仪测时就是观测恒星通过当地子午线的时刻来精确测量天文钟的钟差,经过钟差改正后,天文钟才能更准确地表示当时的时刻。用子午仪进行天文测时,还必须配备天文钟、计时仪和收报机等观测设备。

上海天文博物馆的子午仪室里展出了一架 1925 年购于法国巴黎的帕兰子午仪(图 4-49)。子午仪是一种小型的专用折射望远镜。子午仪的主体望远镜被固定在正东 – 正西方向的水平轴上,限定它在正

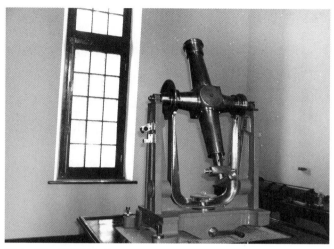

图 4-49　帕兰子午仪

北－正南方向的子午面上转动，就是说它只能观测位于子午圈附近的恒星。早年的天文学家就是通过观测恒星通过子午圈的时刻来测定和校准时间的。

　　上海天文博物馆珍藏的帕兰子午仪口径为 8 厘米，镜筒和支架采用纯铜制造，镜筒上刻有"Prin Paris"字样。它参加过 1933 年的国际经度联测，平时则用于天文测时。1964—1965 年还曾被搬到海南岛三亚进行过选址观测。

　　子午仪是专门用于测定时间或经度的。子午线是从正南点到正北点并经过天顶的一条大圆弧线。天气晴朗时，观测室屋顶上的天窗打开后，子午仪即可依据预先编制好的观测星表，对恒星通过子午线的先后次序进行观测。现在，当年子午仪观测室的天窗已经封闭，但在博物馆建设中，子午仪室重现了当年参加第一次国际经度联测的情景。在原观测室里设计了一个人造星空，并仿制了活动屋顶天窗，打开天窗后露出繁星点点，非常逼真地向大家模拟了当年观测时的情景。

2. 万国经度测量

1922 年，IAU 第一届大会在意大利罗马召开会议，通过决议建立国际经度测量网。为此，巴黎国际时间局局长邀请著名天文学家、东京天文台平山清次（Kiyotsugu Hiroyama）教授进行测定欧洲与东方各天文台之间经度差的试验，并建议在测定中使用由法国波尔多天文台发出的 20 G. M. T. 无线电时号。

经度测量试验原定于 1923 年 10 月 15 日进行，谁知一切准备工作正在顺利进行之时，9 月 1 日东京突遭空前大地震，东京天文台的子午仪及天文钟均遭毁坏。后来经过努力，这次试验终于在 1926 年获得成功，结果表明用无线电技术联结国际经度测量网的方案是可行的。

1925 年 7 月 17 日，经度测量委员会在剑桥会议上作出决议，1926 年 10 月 1 日—11 月 30 日进行为期两个月的国际经度联合测量。测量分两组进行：第一组是多角形的基本点或特别重要的天文台（如格林尼治天文台、巴黎天文台、华盛顿天文台等）；第二组为其他天文台（有数十个之多）。法国又特别提出，环绕地球建立一个基本多角形。这个多角形的顶点（基本点）数目以极少为原则，而巴黎天文台为国际时间局（BIH）所在地，所以必须参加并成为这个多角形的顶点（基本点）。因此，将这四个基本点选择为：

阿尔及尔天文台　（阿尔及利亚，阿尔及尔）

【北纬 36° 47′.8，东经 $0^h 12^m 08^s$】

徐家汇天文台　（中国，上海）

【北纬 31° 11′.55，东经 $8^h 05^m 43^s$】

圣迭戈天文台　（美国，圣迭戈）

【北纬 32° 42′.00，西经 $7^h 49^m 00^s$】

巴黎天文台　（法国，巴黎）

【北纬 48° 50′.02, 东经 $0^h 09^m 21^s$】

1926 年 10—11 月, 万国经度测量如期进行（图 4–50）。参加万国经度测量的天文台站按照联测的规范, 在同一个时间段内由固定观测人员观测同一赤纬带内的恒星; 接收相同的无线电时号（LY 时号、NPM 时号、POZ 时号）; 规定每晚观测开始和结束的时刻; 按照统一格式记录观测地点周围的环境（温度、气压、风向、风速、云层等）; 采用同一的星历表和统一计算格式, 尽量减小各种误差对观测结果的影响, 提高经度测量的精度。

图 4-50　1926 年参加万国经度联测的工作人员

经过归算处理以后, 首先确定了 4 处的经度值, 即:

格林尼治天文台　　　　$0^h 00^m 00^s.000$

巴黎国际时辰局　　　　$0^h 09^m 20^s.910$

巴黎天文台　　　　　　$0^h 09^m 21^s.015$

徐家汇天文台　　　　　$8^h 05^m 42^s.891$

其他天文台的经度与这4处的经度进行比较，就能推算出本台子午仪室的正确经度值。因此可见，徐家汇天文台的经度值在国际经度联合测量中的地位是多么重要。

徐家汇天文台参加万国经度测量的观测人员有子午仪观测者蔡尚质、雁月飞、卜尔克（P. Burgaud）和法耶（Mr. Fayet），最后一位是法国尼斯天文台台长，1926年他特地携带了等高仪来上海参加经度联测。参加等高仪观测的有法耶、蔡尚志、连步洲和蓝林芳等人。

IAU于1928年8月在荷兰莱顿召开大会的决议中，提议参照1926年的方法重新进行第二次经度测量，并确定1933年10—11月为重新测量的适当时期。这次测量设定三个基本圈，其中两个基本圈已于1926年设定，增加的一个圈位于南半球。于是第二次万国经度测量有下列三个多边测量网：

第一组是北纬45度带的天文台：格林尼治天文台—东京天文台—温哥华天文台—渥太华天文台；

第二组是北纬30度带的天文台：阿尔及尔天文台—徐家汇天文台—圣迭戈天文台；

第三组是南纬30度附近的天文台：好望角天文台—阿德莱德天文台—里约热内卢天文台。

会议同时决定，巴黎天文台和华盛顿海军天文台也加入此多边测量网，并作为基本点参加联测。

上海天文博物馆子午仪室中的布展灯箱用十分醒目的灯光展示了第二次万国经度测量各个基本点在地球上的位置。

我国青岛观象台于1910年由德国人建于青岛市区海拔75米的观象山之巅（东经120° 19′，北纬36° 04′），1912年落成，主楼共7层，高

21.6 米, 是近代远东三大观象台之一, 在近代中国气象、海洋科学发展史上也占有很重要的地位。青岛观象台也应邀作为基本点参加了第一次和第二次万国经度联测, 并取得了较好的成绩。

3. "秒" 哪里去了

上海天文博物馆展品中有一幅漫画, 描绘的是 "1926 年 5 月 14 日发生的一次大地震使天文台的时钟都停走了, 徐家汇天文台的几位天文学家正在焦急地寻找 '秒'" (图 4-51)。这幅漫画载于上海第一家英文报刊 *North-China Herald* (《北华捷报》)。

图 4-51　漫画《"秒" 哪里去了》

日常生活中, 大家想知道时间, 只要看一下钟或表就可以了。如果钟表停了或者不准了, 只需要与作为标准时间的天文钟对一下即可, 但现在连天文钟也停了, 哪里还有正确的时间呢? 不知道 "时间", 飞机、火车等不能按照时刻表正常行驶了。上下班的工作秩序、上下课的作息时间都要被打乱,人们的生活顿时陷入一片混乱之中。幸亏天文学家及时通过天文观测找回了"秒",使天文钟能继续准确地走下去,一切才恢复了正常。

当然,"秒"并不会丢失。因为即使没有钟表,时间仍然在一分一秒地前进,而且是永远朝前不会倒退。地球也仍然每天不停地自西向东自转,地球作为一个巨大的天文钟并没有停歇。天文学家通过固定在地球上的望远镜观测太阳或其他恒星,望远镜的视线就好像是时钟的"指针",而天空中的恒星位置就好像时钟表面上的刻度盘。各颗恒星通过子午面的时刻是确定的,如果把望远镜指向子午面内,当恒星一颗一颗地在望远镜的视场内被看到时,也就知道了相对应的时刻。因此,1秒对应于哪一瞬间是可以通过天文观测确定的。这样,"秒"也就被找到了。

这幅有趣的漫画告诉人们,精确的时间是由天文台来测定的,通过天文观测可以"找到"丢失的"秒"。

4. 国际经度联测纪念碑

1926年、1933年和1957—1958年,国际上进行了三次经度联合测量。为了纪念佘山天文台和徐家汇天文台参加的这些重大国际合作天文活动,上海天文博物馆中建立了纪念碑。纪念碑立于东经121°11′经线上,恰好是博物馆子午仪室的子午线的位置。碑身采用花岗岩石料,显得庄严稳重。碑上的图案为展开的地球及当年参加国际经度测量使用过的子午仪浮雕。地球仅展示全球的大陆板块,采用紫铜材料制作,并用经纬线巧妙地有机相连;而阿尔及利亚、中国和美国三个国家用不锈钢材料点缀;三个经度基本点用红色圆点鲜明地标出,可谓别具一格！纪念碑旁边的护墙上镶嵌着一块汉白玉的碑记，上面镌刻：

国际经度联测纪念

IN MEMORY OF INTERNATIONAL LONGITUDE DETERMINATION

三次国际联测中，有位于北纬 30°附近的中国上海（东经 121°.4，北纬 31°.2），阿尔及尔（东经 3°.0，北纬 36°.8）和圣迭戈（西经 117°.2，北纬 32°.7）接近一个等边三角形，因而取为三个经度基本点。

佘山天文台子午仪室是第一次国际经度联测时上海经度基本点的初选位置，联测得到经度值为：

东经　　$8^h 04^m 44^s.75$　　　　（用时、分、秒表示）

即　　　$121° 11' 11''.25$　　　　（用度、分、秒表示）

上海经度基本点后来移至徐家汇天文台，该台参加了全部的三次国际经度联测，第一次联测得到的经度值为：

东经　　$8^h 05^m 42^s.891$　　　　（用时、分、秒表示）

即　　　$121° 25' 43''.365$　　　　（用度、分、秒表示）

纪念碑上镌刻了我国现代天文家王绶琯院士手书的碑名"国际经度联测纪念"，以此纪念上海在三次国际经度联测中的特殊地位。

王绶琯院士 1923 年 1 月 15 日出生于福建福州，早年留学英国，从事天体物理学的研究。1953 年，他在上海徐家汇天文台负责提高授时精确度的工作。1958 年他参加筹建北京天文台（北京沙河，东经 116° 20'，北纬 40° 06'，海拔 40 米），曾任北京天文台台长、名誉台长。他是我国射电天文学开创者、现代天体物理学的奠基者之一，1980 年当选中国科学院学部委员（中国科学院院士），1998 年当选为欧亚科学院院士。

王绶琯先生于 1978 年荣获全国科学大会先进科技工作者称号，

1996 年荣获何梁何利基金科学与技术进步奖,同年荣获全国先进科普工作者称号,2018 年获年度"十大科学传播人物"荣誉称号。

5. 子午仪观测的辅助设备

研究天体的位置和运动离不开观测,而天文观测离不开时间记录。因此,天文台内都配置了精确的时钟,并且不断由天文测时或无线电收时进行天文钟的比对和校准。子午仪观测室内展示的两只天文摆钟,在天文测时和国际经度联测中都曾发挥过重要作用。

计时仪原物已不复存在。计时仪的功能是用于记录恒星通过子午圈的时刻信号,同时也把天文钟的时刻信号一起记录下来,两相比较就可以得到天文钟的钟差,从而获得精确的时间。历史上使用过的计时仪有烟熏计时仪、划线计时仪和电子计数器等。早期用得最多的是划线计时,通过把时钟上的时刻信号和观测信号用笔尖在均匀走动的纸带上划出来,再通过测量比对就可以得到每颗星的观测记录时刻(图 4-52)。

图 4-52　工作人员正在测量对比记录纸条

图 4-53　收报机房（右侧站立者为龚惠人）

　　收报机主要用来接收无线电时号（图 4-53），进行各个天文台站之间天文钟的钟面时刻比对，也就是对钟（图 4-54）。这就像公众收听广播电台的报时信号来校对钟表一样，只不过天文台之间对钟的精确度要高得多。

　　上海天文博物馆在布展时特别设计了一架 2 倍潜望镜，通过它可以窥视到子午仪安装的基墩，以及基墩在地板下与山体基岩的联结情况，由此了解基墩的坚固性和稳定性，还可从基墩的铭牌上知道建造基墩的年份和经纬度值。

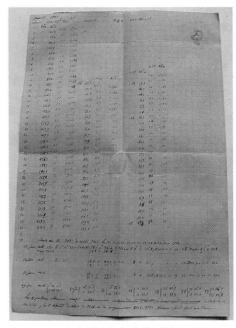

图 4-54　蔡尚质当年所作的对钟记录

五、早期天文观测成果

1. 中国第一套日食照片

日食是太阳被月球遮住的自然现象。虽然太阳和月球的大小与离地球的距离相差悬殊，但在地球上看来，它们出现在天空中的圆面大小却差不多大。月球绕地球公转运动，有时走到太阳和地球中间，一旦太阳、月球和地球三个天体连成一线，月球将太阳遮住，观测者就无法看到太阳的部分甚至全部圆面，这个现象称为日食。日食包括日全食、日偏食和日环食。实际上，日食这样的特殊天象并不多见，一年之中只有一两次，即使碰到发生日全食，地球上也仅在一条带状区域内能看到，其周围地区只能看到日偏食。

1907 年 1 月 14 日发生了一次日全食，在上海地区见到的是偏食。这一天，佘山天文台工作人员首次用 40 厘米折射望远镜拍摄了一整套日偏食照片（图 4-55），这是中国历史上第一次使用望远镜拍摄日食照片。在这套照片上，还可以清楚地看到同时摄下的太阳黑

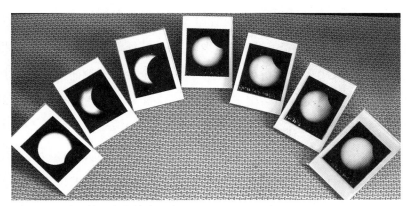

图 4-55　中国第一套日偏食照片

子,颇为珍贵。此前,徐家汇天文台的《天文年历》上已经对这次日全食进行了预报,图 4-56 为这次日全食的食限图。

　　1948 年 5 月 9 日,李珩、陈遵妫等天文学家赴浙江余姚观测日全食,但因天阴而未能成功观测。1987 年 9 月 23 日,上海地区发生一次日环食,上海天文台的科研人员除在上海进行观测外,还组队前往最佳观测地安徽天长地区拍摄到了理想的日环食照片,取得了不少科研成果。

　　天文学家利用日食发生的机会进行了各种天文观测研究。有目视观测,描绘各种形状的日食像;有照相观测,记录日食的全过程;

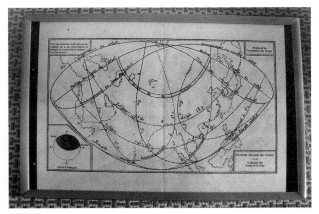

图 4-56　1907 年 1 月 14 日日全食的食限图

有射电观测，研究太阳的射电辐射和太阳活动区上空局部射电源的辐射特征，帮助人们更完整地了解太阳的物理特征等。日全食时的照相观测记录可以用来验证相对论效应等，对日全食的观测研究还有着其他重大的科学意义。如法国天文学家在1868年的一次日食发生时发现了氦元素，当时人们认为这种氦元素只存在于太阳上，所以命名为"氦"，此字在拉丁文中的意思是"太阳元素"。后来，人们通过几十年的努力，才于1895年在钇铀矿中找到了它。氦的发现不仅推动了天文学，也大大促进了化学的发展。法国科学院为了纪念这一发现，还特别制作了金质纪念章。

在日全食、日偏食和日环食中，日全食是宇宙间最壮丽的天文现象之一。由于发生日全食时，月亮的影锥只扫过地球上一个狭窄的地带，只有在日食带内的人才能看到，因此很少有人能看到日全食。一个地方平均要二三百年才能看到一次日全食，人的一生中能看见日全食的次数很少，甚至一辈子都看不到一次。根据天文学家的预测，到2035年9月2日那天，在我国首都北京将会观赏到极为难得的日全食，届时可别错过这难得的好机会啊！

2. 初识太阳真面貌

我们人类生活在地球的怀抱里，地球在宇宙中只是一颗极其普通的行星。太阳是离地球最近的恒星，它以灿烂的光芒普照寰宇。在太阳引力的作用下，八大行星以及它们的卫星，各种彗星、小行星等都围绕太阳运转，由此组成了以太阳为中心的太阳系。万物生长靠太阳，太阳给我们带来了阳光，给了我们生命，对于人类来说实在是太重要了。设想一下，如果没有太阳，地球将变为一个寒冷、黑暗的寂静世界,什么生命也没有。

1900 年佘山天文台建立伊始,即把太阳列为主要的观测和研究对象。早年佘山天文台的工作人员留下了极为丰富的太阳观测资料:拍摄了 12 000 多张太阳黑子照片(图 4-57);目测绘制了太阳日珥图(图 4-58)和光斑图等近 7000 幅;还有

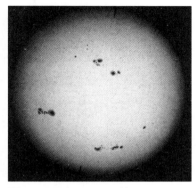

图 4-57　太阳黑子照片

光球、米粒组织等观测记录。大部分观测报告、研究论文和研究成果均发表在佘山天文台出版的《佘山天文台年刊》上。

佘山天文台创始人、第一任台长蔡尚质对太阳进行了深入的研究。1912 年 12 月 15 日,他在给震旦大学师生作的一次科普讲演中,用非常通俗的语言介绍了有关太阳的丰富知识,对太阳的形状、大小、日地距离、太阳自转、太阳黑子的成因,以及太阳光热能量的来源等都作了非常科学的深入浅出的解释,并放映了影片。事后,其演说稿(图 4-59)还发表于上海各种中西文报刊上,使国人第一次对太阳的真实面貌有了初步的认识,并了解到当时科学所达到的先进水平。

上文中,蔡尚质提到日面赤道处的转动速度与两极处的速度不一样。现在我们知道,这是因为太阳与地球不同,它不是一个刚体,而是一个由流体构成的球体。物质在太阳光球下面处于对流状态,对流

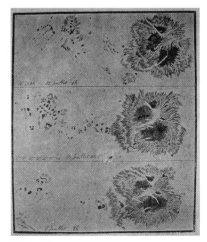

图 4-58　太阳日珥图

图 4-59　震旦大学刊登的《法国大天文家演说记》

中的黏滞作用形成了太阳的较差自转在日面上不同纬度处自转速度的不同。这在近百年前无法解释，也不足为怪。所以，蔡尚质台长在演说中表示"现象如此，尚未有何人施以确当之解说"，表明了"知之为知之，不知为不知"的实事求是的科学态度。

3. "九华星"寻踪

　　1874 年，美籍加拿大天文学家沃森（J. C. Watson）带着一架口径 13 厘米的折射望远镜，专程来北京观测将发生在 12 月 8 日的金星凌日。10 月 10 日夜里，他支起望远镜和赤道仪观测北京的星空时，在双子座中发现了一颗亮度为 10 等的小行星。由于他在这个天区从来未见过该星体，他随即用双影像测微器量度，并进行连续的观测，发现这个星体正在天空中缓慢逆行，经过计算后确定这是一颗位于火星与木星轨道之间新发现的小行星。由于清朝政府为他这次远道而来的观测提供了许多便利，于是他请当时管理钦天监和算学事务的道光皇帝的第六子恭亲王奕䜣题名。恭亲王在 1874 年 11 月 2 日将这颗星题名为"瑞华星",意思是"中华吉祥之星"。沃森教授在他的金星凌日观测报告中详细记录了发现小行星的经过,并且临摹了恭亲王当时题名"瑞华星"的字迹。他在观测报告中将"瑞华星"翻译成英文,把"星"字省略,将"瑞华"两字以当时未标准化的拼音,音译成 Juewa。1874 年 12 月 20 日出版的《申报》报道了小行星由恭亲王题名的新闻。从 20 世纪七八十年代开始,编辑人员翻译这颗小行星的名称时,将 Juewa 音译为"九华"星,后成为中国天文学名词审定委员会审定发布的天文学专有名词。九华星是第一颗在中国土地上发现的小行星,编号为 139。上海天文博物馆收藏了佘山天文台工作人员拍摄的这颗小行星的照相底片,并且展出了其照片(图 4-60)。沃森离开中国

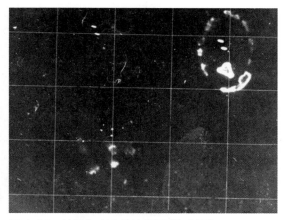

图 4-60　编号为 139 的小行星"九华星"

后,难忘他在中国的这段美好日子,又把他发现的第 150 号小行星命名为"女娲星"。女娲是中国古代神话故事"女娲补天"中的传奇人物。

　　1928 年 11 月 22 日,年轻的张钰哲在美国叶凯士天文台(西经 88° 33′,北纬 42° 34′,海拔 334 米)观测时也发现了一颗痕迹呈现为线条状的行星。他连续跟踪观测了九夜,终于计算出它的轨道,这就是第 1125 号小行星。为了寄托海外赤子对祖国的怀念,张钰哲决定把它命名为"中华",翻开了中国小行星研究的第一页。

　　张钰哲是福建闽侯人,中华人民共和国成立后出任江苏省紫金山

天文台(南京市,东经 118° 49′,北纬 32° 04′,海拔高度 267 米,建于 1934 年)台长、名誉台长,曾任中国天文学会理事长。

在 IAU 承认和已编号的小行星总数已近 20 万颗,其中有以我国古代天文学家的名字命名的,如张衡星(1802 号)、祖冲之星(1888 号)、一行星(1972 号)、郭守敬星(2012 号)、沈括星(2027 号);有以我国现代天文学家的名字命名的,如张钰哲星(2051 号)、蔡章献星(2240 号)、王绶琯星(3171 号)、叶叔华星(3241 号)等;还有的以省、市地名命名的,如北京星(2045 号)、江苏星(2077 号)、南京星(2078 号)、上海星(2197 号)、黄浦星(3502 号)等。一直深受中国人民尊敬的英国著名学者李约瑟博士在我国发现的小行星中也占有一席之地,第 2790 号小行星命名为"李约瑟"。

太阳系包含数以百万计的太空岩石,称为小行星。所有小行星都因反射太阳光而发光。小行星的形状和大小各不相同,最大的也是最早发现的小行星是谷神星,也称 1 号小行星,它的直径有 960 千米,呈球形,由于表面覆盖着黑色的物质,所以它看起来反而不及后来发现的小行星明亮。它是在 1801 年元旦之夜,由西西里岛的意大利天文学家皮亚齐(G. Piazzi)发现的。1802 年 3 月,德国医生奥伯斯(H. Olbers)发现了第二颗小行星,取名为智神星。到目前为止,有 20 多万颗小行星已被确认,其中有 5 万多颗已经计算出了运行轨道。

观测小行星时需要一张标有较多暗星的星图,把星图与星空相对照,如发现一个星图上没有标示的目标,或许那就是一颗新的小行星。再连着几个晚上观测该目标相对天空背景恒星的移动情况,就可以确认。天体照相技术常用于发现和确认看到的小行星。1954 年秋,我国紫金山天文台使用 60 厘米反射望远镜投入了小行星的摄影观测工作,摄影的星等达 $17^m.8$。

4. 月球倩影

月球是地球唯一的天然卫星,它和地球一样都不发光,但始终以同一面向着地球,围绕地球转动。月球与地球的平均距离约为384 400千米,也是距离我们人类最近的天体。自古以来,它对人类就有着极大的吸引力,在我国《嫦娥奔月》的故事几乎无人不晓,我国实施的探月工程也命名为"嫦娥工程"。

月球本身虽不发光,但它被太阳光所照亮,是人类看到的夜空中最明亮的天体。月球是个没有生命的岩石世界。月球表面坑坑洼洼,这是月球在形成早期遭到大量来自太空的岩石的撞击而形成的环形山。而深埋在月球内部的熔岩,有的渗出月面,充填了部分环形山,形成暗而平坦的区域,称为"海"。因为缺少空气和水,月球表面的风貌几百万年来仍保持着原样。

月球上的高地、环形山、洼地和月海都有名字和编号,这些都是经IAU讨论决定的,并规定用世界上著名的天文学家或其他学科的科学家、文学家等的名字来命名环形山。月球背面有4座环形山,分别以中国古代天文学家石申、张衡、祖冲之、郭守敬的名字命名。

环形山名	科学家	月面上的位置		直径(千米)
	生卒年	经度(度)	纬度(度)	
石 申	战国时代	102(东)	75(北)	55
张 衡	78—139	112(东)	19(北)	35
祖冲之	429—500	144(东)	16(北)	30
郭守敬	1231—1316	145(西)	9(北)	26

中国现代天文学家高平子是最早在月球上留名的一位现代中国人。在佘山天文台建台初期,高平子曾师从蔡尚质台长在佘山学习、

工作和生活了数年，并在《佘山天文台年刊》上发表了三篇论文。

月球在绕地球转动的过程中，在空间不断地改变着位置，我们看到被太阳光照亮的部分的形状也会不断变化，这就是月相变化。从农历月初到月末，月相经历了新月、蛾眉月、上弦月、凸月、满月、残月、下弦月和蛾眉月等的月相变化。

月球观测有几种方法。最简单的就是用肉眼直接观测，除新月外，皎洁的月亮总是很容易找到，其明暗相间的月面特征也很明显。如果用望远镜观测，就可以看到像环形山和月海等月面局部特征。如果用照相观测，则可以把月面的状态用底片保存下来，再测量月面上环形山和月海的大小、高度。现代还可以用新型半导体器件——电荷耦合元件（CCD）进行成像观测，这样连月面上的高地所投下的影子也可看见，更多的表面细节如环形山中央突起的山峰也能够分辨出来。

图 4-61　1913 年 9 月 15 日 40 厘米折射望远镜拍摄的月球

上海天文博物馆保存了许多早期佘山天文台工作人员拍摄的月球照片（图 4-61），还收藏了一本由蔡尚质和高平子编纂的中法文《太阴图说》。

5. 哈雷彗星回归观测

在绚丽的天穹，我们有时会看到一类拖着长长尾巴的天体，这就是彗星，我国民间俗称它为"扫帚星"。哈雷彗星是太阳系中第一颗经人类成功推算出运行轨道的著名的大彗星。

　　早在 1682 年，天空中出现的一颗明亮的大彗星引起了英国天文学家哈雷（Edmond Halley）极大的兴趣。他观测并认真计算了这颗彗星的观测数据，发现它与行星一样，也是绕太阳运行的，不同的是这颗彗星在一条十分扁长的椭圆轨道上运行，离太阳最近时能跑到金星轨道内侧，最远能跑到海王星轨道外侧，离太阳竟达 53 亿千米。此后，他对 24 次彗星的出现进行了轨道计算，并注意到 1456 年、1531 年、1607 年及 1682 年彗星运行轨道的相似性，认为它们可能就是同一颗彗星，并首次利用万有引力定律测定出了这颗彗星的轨道数据，预测该彗星以约 76 年为周期绕太阳运行。这是人类最早发现的一颗周期彗星，为纪念哈雷，后人将其命名为"哈雷彗星"。

　　1903 年佘山天文台就开始进行彗星观测，并成功观测到十几颗彗星。1910 年 5 月，哈雷彗星如期回到太阳附近时，正好位于太阳与地球之间。彗尾长达 2 亿多千米，星等达到了 2 等星。当时，地球与太阳之间的距离约为 1.5 亿千米，地球在彗尾中穿行而过。全人类都不知不觉地在哈雷彗星的彗尾里安然无恙地生活了两整天。而当时，佘山天文台 40 厘米折射望远镜成功地拍摄到哈雷彗星的照片（图4-62），同时还记录了地球磁场爆发。科研人员研究分析后认为，这是由于哈雷彗星的彗尾扫过地球所引起地球的磁

图 4-62　1910 年 5 月 24 日 40 厘米折射望远镜拍摄到的哈雷彗星

场爆发。文章发表以后，得到了美国、日本、法国和德国等许多国家天文学家的证实，他们都同意这个观点，并多次引用了这篇文章。当著名的哈雷彗星经过 76 个年头的旅行，于 1985—1986 年再次回归时，佘山天文台又拍摄了这颗著名彗星的照片。佘山天文台早在哈雷彗星十分暗弱（仅仅只有 21 星等）时就捕捉到了它，是世界上较早发现这颗彗星的少数几个天文台之一，40 厘米折射望远镜也成为世界上少数几架两次观测过哈雷彗星回归的望远镜。

1986 年哈雷彗星回归之际，上海天文台组织了五支观测队，分别在上海徐家汇、上海佘山、新疆、陕西和海南岛等地建立了观测点。1985 年 11 月 15 日《光明日报》报道：1985 年 11 月 7 日，上海天

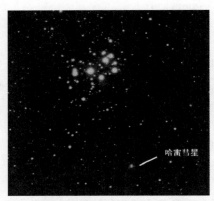

文台阎林山研究员和马宗良工程师，在新疆喀什地区利用大视场天体照相仪和自动跟踪技术，首次拍摄到哈雷彗星的照片（图 4-63）。据所得资料分析，当时哈雷彗星为 8 等星，其亮度正逐日增长，并在金牛座中运行，以每秒四十千米的速度朝地球方向运动。

图 4-63　上海天文台科研人员在新疆喀什拍摄的哈雷彗星

我国对彗星的观测和研究已有四千多年的历史，拥有世界上最早、最完整的丰富记录。如《春秋》所载鲁文公十四年（公元前 613 年）"秋七月，有星孛入于北斗"。又如根据我国天文学家张钰哲研究推算，公元前 1054 年就有彗星记载，《淮南子·兵略训》写道："武王伐纣，东面而迎岁，至汜而水，至共头而坠，彗星出，而授殷人其

柄。"1973年在长沙马王堆出土的西汉初期的帛书中有一幅十分珍贵的关于彗星的图画（图4-64），上面画了不同形状的彗星图像，有的画出了彗核、彗发和彗尾的形状与结构。这

图4-64　长沙马王堆三号汉墓出土的彗星图（摹本）

些显然都是古人经过长期观测而描绘的结果，而描绘的精细程度更是令人钦佩。

　　佘山天文台还拍摄到其他一些著名彗星的照片，如1908年11月17日拍摄的莫尔豪斯彗星（照片上可以看见彗尾中清晰的精细结构）；1911年拍摄的布鲁克斯彗星，彗星周期为6.9年；1994年7月17日拍摄的"苏梅克-列维9号"彗星与木星相撞，即所谓的"彗木之吻"的过程（图4-65），"苏梅克-列维9号"彗星绕太阳运动的周期约为11年。

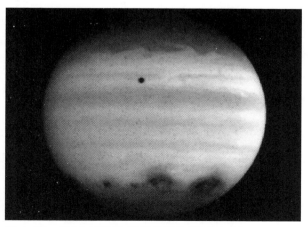

图4-65　1994年7月17日拍摄的"彗木之吻"

6. 观测爱神星精求日地距离

　　地面上测量长度的基本单位是米或千米,而用这些单位来测量太阳系内天体之间的距离将会得到一些非常巨大的"天文数字",不仅书写起来不方便,应用起来更不方便。为此,天文学家设定了一个能够测量天体距离的基本单位,通常称为"天文单位",它是地球到太阳的平均距离,其长度约等于 1.496×10^8 千米(1 个天文单位)。测定日地距离通常是在金星凌日、火星冲或小行星冲等天象发生时测量这些天体的地平视差,确定它们与地球的距离,再利用天体力学的方法得到平均的日地距离。

　　1930—1931 年在 433 号小行星爱神星大冲时,IAU 组织全世界23 个天文台参加了联合观测,得到了三角测量所能达到的最精确的日地距离数值——14 958 万千米。余山天文台也参与其中,成功进行了对爱神星的照相观测。由于当时余山天文台的天文望远镜等仪器设备已达到世界先进水平,所以起到了十分重要的作用。

7. 木星素描图

　　木星是八大行星中体积和质量最大的一颗行星,它的赤道半径约为 7.15×10^4 千米,是地球半径的 11.2 倍。它的质量约为 1.9×10^{27} 千克,为地球质量的 318 倍。它的体积是地球的 1400 倍。在夜晚的星空中,它的亮度仅次于金星,最亮时的视星等为 –2.7。

　　木星没有固体外壳,浓密的大气之下是由液态金属氢形成的"海洋"。木星的内部是由铁和硅组成的固体核,称为木星核,温度高达30 000℃。大红斑是木星表面最显著的特征。大红斑是范围很大、极为猛烈的气旋风暴。它的面积大小在不断变化,有时比地球还要大,最大时可以超过三个地球的大小。

　　人类很早就对木星很感兴趣。中国古代在三千多年前就有关于木星的观测记录。木星发出的明亮的银光及其细圆盘形状使人用肉眼就能将其辨认出来。目前已发现木星有近80颗卫星，其中4颗最大的卫星称为伽利略卫星，这是为了纪念发现它们的意大利天文学家伽利略而命名的。用望远镜观测时，可以看到这4颗卫星以不同的速度绕着木星在转动，它们排列在木星赤道线延长线的两边，位置随时在变化。

　　上海天文博物馆保存了数十幅非常珍贵的木星素描图，这些都是佘山天文台蔡尚质台长在20世纪初利用40厘米折射望远镜观测描绘的（图4-66）。从图上可见，木星扁圆状的视面、与赤道平行的明暗相间的条纹、著名的大红斑和4颗伽利略卫星都非常清晰和准确地被绘制了下来。它是一份完整的天文观测记录，不但描绘了木星的形状、4颗伽利略卫星的位置，而且记录了观测时刻，还有观测者的签名等，使人们可以客观地领略100多年前木星的神秘面貌，具有一定的科学价值。

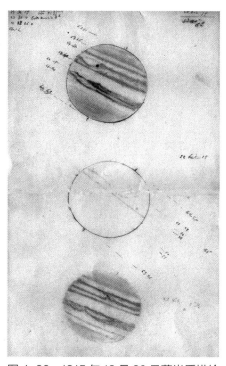

图4-66　1915年12月20日蔡尚质描绘的木星图

8. 草帽状的土星留影

　　土星也是一颗巨大的行星，它的赤道半径约 6.0268×10^4 千米，是地球半径的 9 倍，体积是地球的 745 倍。土星的质量约为 5.6834×10^{26} 千克，为地球质量的 95 倍。在夜晚的星空中，土星是一颗美丽而较亮的大行星，它的平均视星等为 0.67。

　　土星与木星犹如孪生兄弟，有许多十分相似的地方。一年之中大部分时间都可以用肉眼看到它，它有一个美丽多姿的光环，宛如戴着一只大草帽。由于距离地球太遥远，土星看上去在天空中移动得十分缓慢。

　　从望远镜中可以看到土星宽大而明亮的光环，其结构非常复杂。三个大环中的两个好像被一个间隙隔开，这个间隙称为卡西尼缝，是 1675 年由法国天文学家卡西尼（G. Cassini）发现的。大环又可分为许多小环，光环由数十亿计的表面包裹着一层冰的岩石块组成。土星的亮度在 -0.3 等星到 +0.8 等星之间变化，这是受光环影响的结果。当光环正面朝向着地球时可以反射更多的太阳光，此时就会显著变亮。

　　目前已发现土星有 80 多颗卫星，最大的一颗称为泰坦（土卫六），比较容易观察到。2005 年 1 月，美国发射的宇宙飞船在泰坦（土卫六）表面软着陆，发回了许多珍贵的土卫六表面细节照片。泰坦大气的主要成分是氮气，其表面布满着冰层。

　　上海天文博物馆保存有 20 世纪初拍摄的土星照片（图 4-67），虽然细节不是十分清晰，但土星光环却给人留下了深刻的印象。

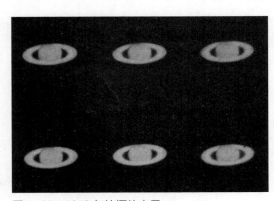

图 4-67　1913 年拍摄的土星

9. 1918 年天鹰座新星研究

宇宙中的恒星千千万万,它们都是由灼热的气体组成,能自己发光的球状或类球状天体。离地球最近的恒星是太阳,它发出的光到达地球需要 8 分多钟,其次是半人马座比邻星,它发出的光到达地球需要 4.22 光年。在晴朗无月的夜晚,一般人用肉眼大约可以看到 6000 多颗恒星,借助望远镜可以看到几十万、几百万颗甚至更多的恒星,我们所处的银河系中大约有一二千亿颗恒星。

新星是一种爆发变星,其亮度在几天内会突然增强几千倍甚至几万倍,然后在若干年内逐渐恢复原状。新星在爆发前通常很暗,一般是看不见的,只在爆发后变得明亮时才会被发现,中国古代误认为它们是新产生的恒星而称其为“新星”。

在银河系中已观测到的新星约 200 颗。佘山天文台观测到 1918 年天鹰座新星的爆发过程,留下了宝贵的光谱记录(图 4–68)。蔡尚质台长对观测资料进行了分析研究,研究成果发表在《佘山天文台年刊》第 12 卷上。恒星亮度突然增加得更厉害的称为超新星爆发,过去 1000 年中用肉眼只看到过 4 次。它们分别

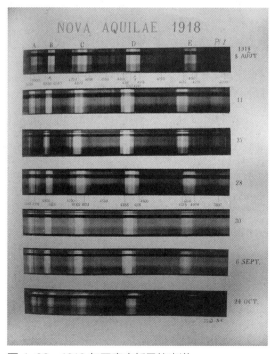

图 4–68　1918 年天鹰座新星的光谱

是豺狼座超新星(1006年)、金牛座超新星(1054年)、仙后座超新星(1572年)和巨蛇座超新星(1605年)。

当前我们在金牛座观测到的蟹状星云就是金牛座超新星(1054年)爆发的遗迹。1054年7月4日早晨,我国宋代天文学家在金牛座ζ星(中文名为"天关星")附近发现,突然出现了一颗非常明亮的星。我们的祖先称其为"客星",并完整记录了这颗超新星爆发的情况,留下了爆发时间、位置和亮度变化等宝贵的观测记录。据宋代史书记载,这颗宋至和元年的"天关客星"在白天都能看到,像金星那样明亮,一连亮了20多天后才开始暗下来,但人们仍然能看到,直至643天后才逐渐消失。这就是国际上称为"中国超新星"的SN1054的爆发情况。这颗客星消失了几个世纪,后来在这里观测到蟹状星云。蟹状星云距地球6500光年,直径达8光年。之后,天文学家们在蟹状星云中心又发现了一颗脉冲星——高速旋转的中子星。

10. 近百年的星团信息

在宇宙空间里,除了孤独的单颗恒星以及双星、聚星之外,还有少则几十颗,多则几百颗,甚至几十万颗星密集在一个区域里组成的星群,称为星团。它们互相作用,行动一致,步伐整齐地奔向同一个方向。有的星团组成不太规则,没有一定的形状,星与星之间的距离相隔比较大,称为"疏散星团"。它们属于年轻的星团,分布在银河系的银盘内,金牛座中的昴星团M45(七姐妹星团)就是最著名的疏散星团之一。还有一类星团,它们的形状呈球形或扁球形,称为"球状星团"。与疏散星团相比,球状星团结构紧密,星数也比较多,包含几万甚至上百万颗恒星,它们是年龄最老的星团。北半球中最漂亮的球状星团之一是武仙座 M13（NGC 6205）。

星团是银河系中一类重要的天体，由于星团成员可能是有共同的起源，已成为天文学家探索银河系乃至宇宙奥秘的重要途径之一，历来受到众多天文学家的关注。佘山天文台从刚建立的第一年起，40 厘米折射望远镜就开始了对星团等天体的照相观测，积累了大量的观测照片，真实地记录了宇宙空间中大量天体运动和变化的科学信息。上海天文博物馆中珍藏着具有近百年历史的星团照相底片，这些宝贵的历史观测资料在研究星系的起源与演化、星团的距离与空间分布等方面有着极为重要的意义。

星团的科学研究当上溯至英国天文学家赫歇尔父子（William Herschel, John Herschel），至今也就 200 多年。但我国古代天文工作者对星团的关注，早在 2000 年前就已有记载。如二十八宿中的鬼宿，外名为巨蟹座，其中有一疏散星团外文名为 Praesepe，我国古代称其为积尸气，在《史记·天官书》内就已说及，后来的古籍《观象玩占》一书更加以描绘说："鬼中央白色如粉絮者，谓之积尸，一曰天尸，如云非云。如星非星，见气而已。"

积尸星团首先由望远镜的发明人伽利略将其分解为可辨识的个别恒星。他在 1610 年出版的《星际使者》一书中曾这样写道："那个以秣槽（Manger）得名的云不是一颗星，而是由 40 多颗小星所组成，我在两颗'小驴子'（即巨蟹座 γ 和 δ 二星）旁边，便看见 330 颗之多。"根据相关星表，我们可以推测伽利略用的望远镜约等于现今倍率为 6 的透镜，仅能看见 8.5 星等的星。

1954 年 6 月，《天文学报》第 2 卷第 1 期刊登了李珩先生的文章《五个银河星团的照相研究》。他通过佘山大量的观测照片研究银河系星团，寻找到首任台长蔡尚质曾在 1912 年、1916 年、1918 年、1919

年观测的照片,以及第二任台长葛式与连步洲联合观测的照片,发表了对 NGC 星表中的 1750、1817、2286、2548 和 7380 星团的研究成果,开创了我国的星团测定和研究工作。

11. 其他展品

　　佘山天文台还保留下了众多天文工作者使用过的科研设备。

　　(1)天文钟是一种特别设计的,能用多种形式来表达天体时空运行的仪器。佘山天文台的天文钟以大理石为底板,用线圈通电后产生的交变磁场为摆钟提供动力,以维持钟摆的幅度和周期,使它始终保持一个恒定的速度,和天体运动一致。

　　(2)航海钟又称航海天文钟,是高精度、可携带的机械计时仪表,可以用来指示时刻、测量时间间隔、航海定位和野外天文观测。上海天文博物馆的展品中有一只编号为 2218 的航海钟(图 4-69),其木盒上镶有铜制铭牌,上刻"禄方济司铎一九一九年赠"的字样,是当时禄方济赠送给佘山天文台的,至今仍能正确走时。

图 4-69　1919 年禄方济司铎赠送的航海钟

　　(3)展品中的六分仪是一种专门设计在航海时进行天文观测的光学仪器。使用它能测量某一时刻太阳或其他天体与海平线的夹角,与航海钟、海图及有关资料一起使用就能迅速得知海船所在的经纬度,从而进行天文导航。自 18 世纪面世以来,它一直是重要的定位和导航工具。

（4）展品中的水准仪是建立水平视线测定地面两点间高差的仪器，可以精确测定水平程度。

（5）展品中有一只1758年法国制造的航海怀表，编号为61717（图4-70）。佘山天文台建台初期，蔡尚质台长带领徐彬文等人进行测量时曾使用过它。估计是蔡尚质于1883年来华时带来的。这只航海怀表曾经过两次修理，一次是1933年在巴黎，另一次是1972年在上海。据

图4-70　1758年法国巴黎制造的航海怀表

说，由于结构精细复杂，精确性高，当时在上海几乎找不到能修理该怀表的人。现在，这只航海怀表已经是天文博物馆的重要文物了。

（6）经纬仪是一种根据测角原理设计的测量水平角和高度角的测量仪器，主要用来测定观测地点的经度和纬度，由英国机械师西森（Jonathan Sisson）于1730年研制。上海天文博物馆珍藏的小经纬仪（图4-71）是19世纪后期法国制造的，小巧精致，便于携带。其镜筒、镜身和仪器底座全部采用黄铜制成，清洗后仍然黄灿锃亮。佘山天文台在建台过程中曾经使用过它，是佘山天文台的历史珍藏品之一。

图4-71　19世纪法国制造的小经纬仪

早期的佘山天文台为了保证仪器设备的正常运转，拥有一套风力发电装置和气象测量设备，还建立了机械加工工场，可根据需要设计制造望远镜终端设备、附件和其他用品。目前，上海天文博物馆还保存着当年机械加工工场的照片，以及小巧玲珑的小车床（图4-72）、木制三脚架和一系列制作精美的望远镜附件。

图4-72　19世纪法国制造的小车床

（7）上海天文博物馆在建设中得到了社会各界人士的积极支持与帮助，本书的附录2列出了他们捐赠的一些珍贵的实物等。

六、百年藏书

上海天文博物馆藏书室（上海天文博物馆建成前称为佘山天文台图书馆）与佘山天文台同年落成，至今也有100多年的历史。整个藏书室面积近200平方米，收藏有2万多册600余种26个国家出版的天文期刊、科学专著、天文星图和一些宗教文化书籍，还有大量的手稿、照片、信件、绘画和原始记录等文物，是上海天文博物馆的镇馆之宝之一。藏书中的一些欧洲18世纪出版的珍品，用带水印的优质纸张印刷，在经历了200多年的岁月沧桑后，仍然洁白如初。

珍藏的文献资料语种包括中文、拉丁语、英语、法语、德语、日语、俄语、意大利语等，其中尤以法语文献居多。

藏书室的书架上下共分为11层，从地板一直排到高约4.8米的天花板，至今仍完全保持着原状，用来取书的竹梯、木凳也都是原先的旧物。佘山藏书室的建筑结构、书架陈列风格，以及内部的日常物品，均能在徐家汇藏书楼见到。两处的规划或许出自同一位设计师之手。

耶稣会传教士来华的初衷是传教，却在中西科学文化交流方面取得了卓著的成效,并在上海天文博物馆的百年藏书中留下了丰富的中西天文学交流的历史见证,这是他们始料未及的。人们走进藏书室时,就会被其历史感和藏书量所震撼,不禁联想起英国哲学家、科学家培根(Francis Bacon)的名言:"书籍是在时代波涛中航行的思想之船,它小心翼翼地把珍贵的货物运送给一代又一代。"

1. 1798 年的《法国天文年历》

上海天文博物馆的藏书中收藏最多的是天文期刊,它们不但品种丰富,而且出版的时间都比较早,出版物的系列比较完整。特别是《法国天文年历》,馆藏最早的一本是 1798 年 2 月出版的(图 4-73)。在这本年历的后半部有文字说明,详细介绍了这本年历的出版经过。它是法国大革命胜利后出版的,可以说见证了法国改朝换代的历史。

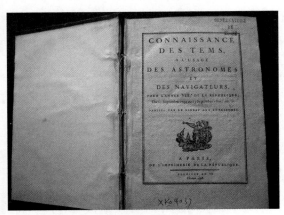

图 4-73 1798 年出版的《法国天文年历》

1774 年,波旁王朝国王路易十五逝世,年仅 20 岁的路易十六继位。1789 年 7 月 14 日,法国资产阶级革命开始,这一天后来被定为法国国庆日。

1792 年 9 月 21 日,新当选的法国国民公会在巴黎召开会议,讨论废除君主政体,实现共和,通过了成立共和国的决定。9 月 22 日,法兰西第一共和国诞生。国民公会公布了一部"法国大革命历法",以 9 月 22 日为新纪元的开始,这一年称为自由第四年,即共和元年。

这本 1798 年出版的《法国天文年历》十分珍贵,其印刷用纸的原料是百分之百的棉花,而且造纸的过程中没有经过酸处理,类似于中国的优质宣纸,可见当年对出版这本年历的重视程度。它的纸页至今挺括洁白,毫无泛黄现象,透过亮光还可以看到非常清晰的水印。

《法国天文年历》是世界上最早的天文年历,在 1679 年初版时称为《关于时间和天体运动的知识》。上海天文博物馆收藏的《法国天文年历》,除拥有前述最早 1798 年 2 月版外,从 1829 年起至 1970 年,整个《法国天文年历》系列也基本保持完整。我国最早的天文年历是 1915 年和 1917 年由中央观象台出版的《观象岁书》。后中央研究院天文研究所、徐家汇天文台等单位也曾出版过。中华人民共和国成立后,自 1950 年起由紫金山天文台编算出版《中国天文年历》。

2. 其他天文期刊

上海天文博物馆藏书室收藏的另一个特点是收藏的天文期刊系列比较完整。例如:

(1)德国《天文学通报》(*Astronomische Nachrichten*),从第 1 卷(1823 年创刊)到第 302 卷(1981 年)共 147 册合订本,中间没有间断过,一卷都不缺少。

(2)英国《天文协会学报》(*The Journal of the British Astronomical Association*),从第 1 卷(1890 年创刊)开始到 20 世纪 80 年代初,系列基本完整。

(3) 加拿大《皇家天文学会学报》(*The Journal of the Royal Astronomical Society of Canada*)，从第 1 卷(1907 年创刊)开始到 1981 年，系列基本完整。

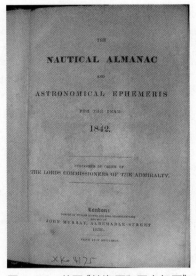

图 4-74　英国《航海历和天文年历》

(4)英国《航海历和天文年历》(*Nautical Almanac and Astronomical Ephemeris*)，从 1842 年(1838 年 出版)开始到 1980 年，系列基本完整(图 4-74)。

(5)我国的《天文学报》(*Acta Astronomica Sinica*)，由中国天文学会于 1953 年 8 月创刊，首任主编李珩。目前《天文学报》已出版了 60 多期。

还有美国的《哈佛大学天文台 年 刊》(*Annals of the Astronomical Observatory of Harvard College*)，馆藏从 1867 年的第 5 卷开始；日本的《东京帝国大学纪要(理科)》(*The Journal of the College of Science Imperial University of Tokyo*)，馆藏从 1898—1899 年的第Ⅺ卷开始。此外还有很多，就不一一列举了。

从这些珍藏的刊物就可以看出，上海天文博物馆藏书室的确能够较完整地反映近代天文学研究的成果，这在全国也是绝无仅有的。

3. 天文专著

藏书室除珍藏天文期刊外，还珍藏着许多世界著名天文学家的原著，不少原著还是作者本人签名的赠书，或者是作者后人题签赠送的。这一本本极其珍贵的天文学著作凝聚着各国天文学家科研成果的结晶，记录了世界天文学前进的一步步脚印，更反映了科学研究交流的重要意义。展出的具有代表性的馆藏图书主要有：

（1）英国天文学家卡林顿（R. C. Carrington）于1863年出版的《太阳黑子观测》。卡林顿是太阳黑子分类法的创始人，1859年获英国皇家天文学会金质奖章。馆藏的这本书由卡林顿亲笔签名赠送（图4-75）。

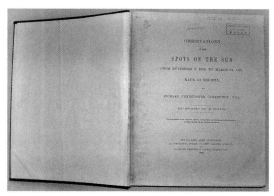

图4-75 英国天文学家卡林顿亲笔签名赠送的《太阳黑子观测》

（2）美国天文学家皮克林（Edward Pickering）于1884年发表的哈佛测光星表《4260颗恒星的星等表》（图4-76）包括了从北天极到赤纬-30°的4260颗星。同时还展出了他的两封亲笔来信，分别用英、法两种文字写于1897年11月27日

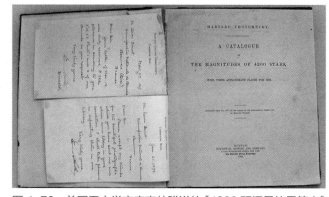

图4-76 美国天文学家皮克林赠送的《4260颗恒星的星等表》

和 1898 年 1 月 21 日。皮克林生于波士顿，1865 年毕业于哈佛大学，1876 年以后任哈佛大学天文学教授兼该校天文台台长。皮克林主要研究天体光度学和天体光谱学，在 19 世纪 80 年代初已开始在天文观测中大量采用摄影技术，并最早使用物端棱镜来拍摄恒星光谱，是天文学变星分类法的创始人。他还创建了美国变星协会，从事天文普及工作。

（3）意大利天文学家斯基亚帕雷利（G. V. Schiaparelli）是《关于火星的地形和结构》（图 4-77）一书（*Sulla Topografia E Costituzione del Pianeta Marte*）的作者，从 1862 年起任意大利米兰天文台台长，长期观测与研究火星。1877 年火星大冲时，他用望远镜观测并绘制了火星图。他发现火星上密布着一些规则的黑色线条，画在图上呈一些细窄的直线，在报道时称为 Canali，意大利文为"沟渠、水道、运河"等多种意思，结果在译成英文时被人误译为人造的"运河"。于是，关于"火星人"的猜测不胫而走。尤其是美国天文学家洛威尔（P. Lowell）为此变卖了自己的财产，于 1894 年在亚利桑那州沙漠内的高地上建立了私人天文台，在那里对火星进行细致的观测。洛威尔历时 15 年，经历两次火星大冲，拍摄了数千张照片，绘制了大量火星图。他竭力主张火星上有高等生物，认为运

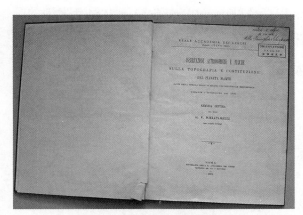

图 4-77　意大利天文学家斯基亚帕雷利的《关于火星的地形和结构》

河是高等生物开凿的水道,用来引极冠附近之水去灌溉沙漠里的农田。另外一些人则不赞成,极力反对这种观点。

藏书室里的这本《关于火星的地形和结构》,发表了斯基亚帕雷利于 1890 年火星大冲期绘制的大量火星图。该书于 1910 年出版,这一年他刚去世,而该书是由他的后人以斯基亚帕雷利家族的名义赠送给佘山天文台的。

(4)美国天文学家纽康(Simon Newcomb)的主要研究领域为天体力学、天体测量学和航海天文学。他根据 4 次金星凌日的数据,于 1895 年算出太阳视差为 8″.797。他把此值与英国天文学家吉尔(David Gill)测到的 8″.802 综合以后得到修正值 8″.80,连同岁差常数、章动常数、光行差常数构成纽康天文常数系统,在天文计算中使用了数十年。纽康还求得水星、金星、地球、火星、天王星、海王星等的摄动数据,成为以后数十年编算这些行星历表的根据。为此,纽康获得了英国皇家天文学会金质奖章。

藏书室中除展出纽康的著作《摄动函数的展开及其导数》外,还有各大行星的星历表等。这些数据和方法,目前天文界在编算天文年历时仍在参用。

(5)宋君荣(A. Gaubil)是清朝时来华的法国天主教传教士,著名天文学家卡西尼(G. D. Cassini)的门生。他将大量的中国天文学研究和观测成果介绍到西方。他的法文著作有《中国天文学》《中国天文学史》《中国彗星总表》等。法国数学家、天文学家拉普拉斯(Pierre Simon Laplace)用宋君荣翻译的中国天文资料,发现了黄赤交角存在长期减小的变化。上海天文博物馆展出了宋君荣所著的《中国编年史》(*Trate' de la Chronologie Chinoise*)。

(6)法国天文学家和优秀科普作家弗拉马利翁(Nicolas Camille Flammarion)擅长撰写天文科普书籍。他编著的《大众天文学》(*Astronomie Populaire*)是一部具有世界影响力的通俗天文读物,已译成中、英、德、俄、西班牙和意大利等十几种文字,法国科学院为此专门颁发了奖金。《大众天文学》第一版问世于1880年,一共再版20多次。每次都由当时的顶级科学家续写,将最新的科学研究成果补充进书里。20世纪60年代,时任上海天文台台长的李珩先生把这部图文并茂的科学名著译成中文出版,并珍藏于藏书室。20世纪70年代,《大众天文学》曾经引起毛泽东主席的兴趣,专门派人到中国科学院紫金山天文台借阅此书。

4. 活动星图

星图是古人对星象的一种客观记录。上古时代,我国古人就把黄道附近的星象划分成二十八宿。古巴比伦人将天空分为许多区域,称为星座。而古希腊人以神话故事中的人物或动物名为星座命名。这些星座都充满了神秘感,由于融入了许多神话故事,也便于人们记忆和遐想。

藏书室内珍藏着许多星图,尤其是早年使用的两枚活动星图(图4-78)吸引了广大青少年的关注。它们分别是美国纽约出版的南纬35°的《南天活动星图》和英国伦敦出版的北纬40°的《北天活动星图》,包含了整个天球的88个星座。这两枚星图用料考究、制作精细、式样古朴实用,保存完好,堪称近代活动星图中的精品,但遗憾的是具体出版时间已无法考证。众所周知,认识星座是天文学入门的途径之一。星图是将天体的球面视位置投影在平面上而绘成的图,显

图4-78　《南天活动星图》(左)和《北天活动星图》(右)

示了天体的位置、亮度、形态和光谱等,是人们认识星空的基本工具之一。

1928年,IAU正式把整个星空划分为88个星座。在晴朗无月的夜晚,人们仰望天空,斗转星移,繁星闪烁。这时可以通过活动星图,按照时间、恒星的亮度及星座的形状来寻找星座。当然,要注意星座处于南半天球还是北半天球等。为此,最好熟练掌握88个星座的分布情况,其中沿黄道天区的有12个星座。我们知道地球绕太阳公转,从我们地球上看过去,太阳每个月相对于恒星的位置在改变。太阳大致每月经过一个星座,一年就是十二个星座,这就是黄道十二星座,从春分开始分别是双鱼座、白羊座、金牛座、双子座、巨蟹座、狮子座、室女座、天秤座、天蝎座、人马座、摩羯座、宝瓶座。

在南半天球有47个星座(以拉丁名的字母排列):唧筒座、天燕座、天坛座、雕具座、大犬座、小犬座、船底座、半人马座、鲸鱼座、蝘蜓座、圆规座、天鸽座、南冕座、乌鸦座、巨爵座、南十字座、剑鱼座、波江座、天炉座、天鹤座、时钟座、长蛇座、水蛇座、印第安座、天兔座、豺狼座、山案座、显微镜座、麒麟座、苍蝇座、矩尺座、南极座、猎户座、孔雀座、凤凰座、绘架座、南鱼座、船尾座、罗盘座、网罟座、玉夫座、六分仪座、望远镜座、南三角座、杜鹃座、船帆座、飞鱼座。

在北半天球有 29 个星座（以拉丁名的字母排列）：仙女座、天鹰座、御夫座、牧夫座、鹿豹座、猎犬座、仙后座、仙王座、后发座、北冕座、天鹅座、海豚座、天龙座、小马座、武仙座、蝎虎座、小狮座、天猫座、天琴座、蛇夫座、飞马座、英仙座、天箭座、盾牌座、巨蛇座、三角座、大熊座、小熊座、狐狸座。

星图的种类很多，有天文学家使用的专业星图，也有通常是天文爱好者使用的活动星图。活动星图是可转动的星图，可以显示在不同日期所能看到的星空。它常由底盘和上盘组成，底盘可绕着圆心旋转。底盘上绘有坐标系的经纬网线以及较亮的恒星和星座，盘周注有月份和日期。上盘上有地平圈，地平圈以上的部位镂空，可透过它看到部分底盘，转动底盘就可使其显露部分与地面上所见星空对应。盘上注有地平方位和晨昏蒙影曲线，盘周注有时刻数字。由于地平圈随地理纬度而异，故星图上需注明它所适用的纬度范围。

另外，上海天文博物馆院内还竖立了一块石碑，高 2.45 米，宽 1.17 米，上面所刻碑文是按 1∶1 复制的《苏州石刻天文图》。碑的上部为星图，约 85 厘米，刻有 1440 颗星星，下部刻有说明文字。《苏州石刻天文图》刻于南宋丁未年（公元 1247），是世界上现存最古老的石刻星图之一，也是一幅近乎完美的中古时代的星图佳作。

5.《中西星官对照图》

藏书室展柜中还陈列了 1914 年佘山天文台出版的《中西星官对照图》（原载 1911 年《佘山天文台年刊》第 7 卷，图 4-79）。在佘山

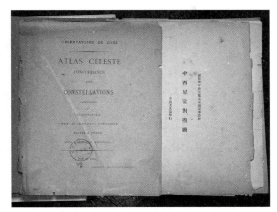

图4-79　《中西星官对照图》

天文台建立初期,日本籍神父乔宾华(Paulus Tsutsihashi)成为蔡尚质的得力助手。他精通数学,在天文方面擅长研究小行星,于1888年9月来到中国。他将清乾隆年间官方修撰的天文书籍《钦定仪象考成》译成了法文,刊载在《佘山天文台年刊》上。这本书中包含一份星表,收入了乾隆年间测定的3083颗恒星,大家也称其为《乾隆星表》。由于中国和西方的天文星座名称完全不同,所以外国天文学家不知道中国人说的某颗星究竟是哪一颗。他花了很多精力翻译《乾隆星表》,将3083颗星一一标出西方的对应星名,为东西方天文学交流提供了便利的工具。乔宾华还于1910年观测了哈雷彗星,于1912年回到日本,1965年去世,享年100岁。

1912年乔宾华回日本后,蔡台长又独自坚持观测十年之久。1922年以后才相继有两位法国神父葛式和卫尔甘来协助他。这二人皆通数学,葛式擅长理论研究,卫尔甘善于精确计算,他们三人完成了一件很繁重的工作——编制《赤道星表》。这项工作主要是围绕天球赤道一周拍摄12张照片,但是每张照片必须对星空曝光50次,这50次拍摄还必须在2小时内完成,因此要事先制定好流程,以便有条不紊地进行。这份照相星表的实际拍摄时间不过 24 小时, 总共曝光 600 次, 历时一年, 于 1916—1917 年间完成, 但是对所拍底片的测量和计算却花费了整整十年之久——佘山天文台这几位工作者在十年里的大部分时间都在编这份星表, 它最终于 1928 年出版问世。星表共收录了14 268 颗恒星的准确方位坐标, 相当于一份详细的 "星空导向图"。第三任台长卫尔甘后来研究小行星时, 经常使用该星表推算星体位置。

6. 徐家汇土山湾印书馆钩沉

藏书室收藏了许多 19 世纪末到 20 世纪前期, 由徐家汇土山湾印书馆印刷出版的图书, 内容涉及天文、气象、地磁、地震等学科, 以及宗教、人文、社会历史等方面, 这些书籍和刊物使用的文字主要是法文, 夹杂着一些汉字, 还出版一些中文书刊。徐家汇土山湾印书馆于1869 年建立, 在中国近代新式印刷出版业兴起的进程中曾起过积极的作用, 具有重要的地位。

上海开埠后, 清朝政府禁止传教的禁令有所松动, 耶稣会士在上海徐家汇一带购地重辟教区, 于 1864 年削平位于漕溪北路以西、蒲汇塘路以北一带的土山, 建造育婴堂、慈母堂等教会机构和孤儿院, 同年开设工艺厂, 下设木匠作、五金作、中西 (皮匠) 作、印书所 (印书馆)、图画间 (兼作雕塑)、照相间等部门。工艺厂吸收育婴堂内年长的孩童作徒工, 这些孤儿从 13 岁开始学手艺, 由中外教士传授他们各种技艺, 长大后就在孤儿院开设的各种工场中干活。1880 年, 土山湾孤儿院内的工场又增设了白铁作, 进行翻砂、铸铁和机床加工。上海的不少新工艺、新技术都源于这里, 如镶嵌画、彩绘玻璃生产工艺、镀金镀镍技术、珂珞版印刷工艺、烫金印刷和石印技术等。孤儿院各个工场的活动和

成果在上海文化史上都具有
重要地位。土山湾印书馆于
1887 年创办的《圣心报》是中
国最早的白话文报刊。

图 4-80 徐家汇土山湾孤儿院五金工场铭牌

藏书室内有一大一小两
块铸铁件,大的一块长 30 厘
米,宽 29 厘米,厚 15 毫米,重
约 6 千克(图 4-80),上面铸
的外文的译文是"上海徐家汇
土山湾孤儿院五金工场",铸件上部有一个圆环扣。小的一块没有铸
字,但形状与大的那块完全一模一样,仅仅是尺寸小一点,重量轻一些
而已,上部也有一个圆环扣。这两块铸铁件和大量的珍贵书籍、科学
专著、各种学术期刊等都是研究土山湾历史最好的资料。

7. 中外天文学家的交往

藏书室里还展出了一本 1915 年中央观象台出版的《观象岁书》

(图 4-81),这本书的
扉页上有当时教育部
中央观象台台长高鲁
先生的亲笔签名,是
赠送给时任徐家汇天
文台台长劳积勋神父
的。高鲁和蔡尚质早
有交往,并且常有书

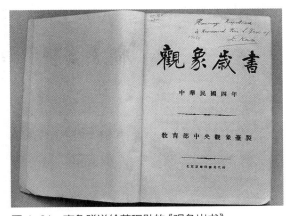

图 4-81 高鲁赠送给劳积勋的《观象岁书》

图 4-82　1916 年 3 月 5 日高鲁写给蔡尚质的信

信往来（图 4-82）。1912 年，天文学家高均（高平子）刚从震旦学院毕业，在佘山天文台跟随蔡台长学习现代天文理论、观测技术和计算方法。后来，高鲁通过天文学家蒋丙然邀请高均前去青岛，代表中国政府从日本人手里接收青岛观象台，从而使中国有了自己的第一个近代天文研究机构。

高鲁是中国著名天文学家，1877年 5 月 16 日生于福建省长乐县龙门乡。他早年就读于福建马江船政学堂，1905 年赴比利时布鲁塞尔大学留学，1910 年获比利时布鲁塞尔大学工科博士学位。他参加了 1909 年孙中山在法国巴黎组织的同盟会活动，辛亥革命后回国任南京临时政府秘书，不久即任北平中央观象台台长，执教于北京女子高等师范学院、北京大学。1913 年，他创办《气象月刊》，普及气象学和天文学知识。1915 年此月刊更名为《观象丛报》，1930 年更名为《宇宙》（图 4-83）。1922 年，他发起成立中国天文学会，是中国天文学会的创始人之一、中国天文学历史研究的先驱者之一，担任过会长和总秘

图 4-83　《宇宙》

书。1928 年, 他担任中央研究院天文研究所第一任所长, 参与了紫金山天文台的选址, 也是紫金山天文台的创始人之一。现在紫金山天文台铸有一尊他的半身铜像以资纪念。高鲁先生还发起并组织了中国日食观测委员会, 曾任委员兼编纂组组长, 著有《中央观象台之过去与未来》《星象统笺》等。他所著的《相对论原理》两卷 (1922 年出版) 对相对论在中国的传播有一定的贡献。

8. 其他藏品

(1) 徐光启后裔的照片

近 400 年来, 徐光启的后裔一直在上海地区繁衍生息, 其中有不少人受徐光启的影响, 成为天主教徒, 还有人从事天文研究工作。馆藏有一张在 19 世纪末拍摄的老照片 (图 4-84), 照片上都是当时在徐家汇天文台工作的中国年轻人, 最右边的这位小伙子名叫徐彬文, 他是徐光启的第十代孙。他 1888 年就进入徐家汇天文台, 当时只有 16 岁。徐彬文是在教会天文台里工作时间最长的中国员工, 前后共有

50 余年之久, 于 1941 年去世。还有一张照片是徐彬文的全家合影 (图 4-85), 中间坐着的就是徐彬文和他的夫人及幼子——徐光启的第十一代孙徐林生。他也曾在徐家汇天文台工作过, 从 20 世纪 30 年代到 50 年

图 4-84　徐光启第十代孙徐彬文 (右一)

图 4-85　徐彬文全家合影

代在外滩气象信号台工作,照片上其余几人都是他们的子女。

(2)佘山天文台早年工作人员的照片

　　馆藏有一张照片上拍摄的是早年佘山天文台的主要工作人员(图 4-86)。中间坐着的是台长蔡尚质,后面站立的是日本神父乔宾华,右边的是西班牙神父瞿宗庆(J. Aguinagale),他于 1898 年 11 月来华,负责佘山天文台的总务和修配厂;左边的是法国神父马德赉,后来他去了菉葭浜天文台任台长,负责地磁的观测与研究工作。瞿宗庆坐在一门老式的大炮上面,这门大炮据传为汤若望大炮,是

图 4-86　佘山天文台工作人员在主楼前坐而论道

德国传教士汤若望在清朝顺治年间设计铸造的。1943 年,日本侵略军到处掠夺钢铁和铜锡金属制造武器弹药,这门大炮也被掠去销毁了。

(3)徐家祠堂和故居照片

　　徐光启在上海留下了许多生活和活动遗迹。在上海老城厢有一

条桑园街,原名叫"双园街",原本是徐光启住宅旁边的园子。徐光启又是个农学家,他在半个院子里种麻,另外半个园子用来进行各种园艺实验,所以叫"双园"。山芋(即甘薯)最初就是经徐

图 4-87　徐光启故居

光启从福建引入试种成功的,他还撰写了《甘薯疏》进行推荐,并逐渐向长江流域以及北方推广。徐光启家族的祠堂现在已不复存在。有一张照片展示的是位于黄浦区乔家路的徐光启故居(图 4-87)。几十年前,这个地方还叫"九间楼",有很大一组房子。幸运的是,其中部分房子后来被保留了下来,现门口有一块由市文管会树立的"徐光启故居九间楼"的文物保护碑。

(4)法制天球仪和蔡神父的木箱

天球仪是用来表述各种天体坐标和演示天体视运动的天球模型(图 4-88)。它将主要天体的视位置投影到球面上,而使其与实际星空相吻合,是一幅立体的星图,是观天认星的工具,也是开展天文教学和普及天文知识必备的科教仪器,可以帮助人们了解星空变化的规律。天球仪的引进对我国天文工作者

图 4-88　19 世纪后期法国制造的天球仪

认识地球和天体起了很大的作用。在佘山天文台早期工作人员的那张照片上,瞿宗庆手持的法国制造的天球仪有 100 多年历史,现经过精心修复后仍然保存在博物馆内。虽然难以完全恢复原样,但大体上原貌犹存,可以清晰地看出法国制造的标志。橱柜中还展出了当年从法国寄给蔡尚质的仪器包装木盒,小签条上"蔡神父收"的字样赫然在目。通常使用的天球仪的直径约 30 厘米,但北京古观象台上的清代铜制天球仪铸造于 1673 年,直径有 2 米,上铸有 1000 多颗恒星。

前文提到过的活动星图是把赤道坐标系和地平坐标系表示在一个平面上。而天球仪则是把几种天球坐标系表示在一个能够转动的、立体的球面及支架上,因而可以直接读取各种天球坐标值,并演绎天体的视运动和星空变化的规律。天球仪即星空的模型,由天球、地平圈、子午圈和支架四部分组成。其构造和我们实际观察星空时的情况相一致。因为实际观察星空时,我们位于天球中心,从天球中心往外看,或者说是从地平向上看,所以当我们应用天球仪的时候,不要忘记设想我们是在天球仪的中心观察星空。

天球仪是一种用于航海、天文教学和普及天文知识的辅助仪器,它比星图更直观,可以利用它表述天球上的各种坐标、天体的视运动,并解决一些实用的天文问题,是星空观察者不可缺少的工具。天球仪的制作历史悠久,在我国古代将其叫作"浑象"。第一架浑象是公元前 70—50 年间,由西汉天文学家耿寿昌创制的。一般的天球仪是在一个圆球面上绘有全天 88 个星座,标示了亮度低至五等的恒星名、主要的星云星团、古中国二十八宿,以及赤道、黄道、赤经圈和赤纬圈等几种天球坐标系的刻度。因此,可以通过天球仪熟悉主要亮星的名称、星等和位置,掌握星空的分布和各天球坐标系之间的关系,这样在晴朗的夜晚仰望星空就能了然于胸了。

（5）早期的计算工具

藏书室还展出了算盘、数学用表和计算尺等一系列早期的计算工具。其中，最引人注目的是一个20世纪初期的计算工具——回转计算筒（图4-89）。该物为英国伦敦制造，现在已经非常罕见，连一些数学专家也是第一次见到。它和同时展出的美国制造的计算尺均由时年80多岁高龄的何允老先生捐赠。计算尺在早年天文计算中经常使用，可以进行各种常用的数学运算。

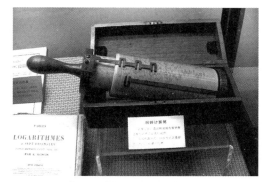

图4-89　英国制造的回转计算筒

（6）《中央观象台参观纪念册》

藏书室还展出了20世纪初印制的《中央观象台参观纪念册》（图4-90）。纪念册采用活页折子的形式，图文并茂，文字用宋、楷、篆、隶等字体印成，详细介绍了中国古代的各种天文仪器很有收藏价值。历经百年沧桑，纪念册虽已陈旧，但仍可以看到当年设计的精到

图4-90　《中央观象台参观纪念册》

之处。同时也告诉人们，当年的中央观象台也是对社会开放，向大众普及天文知识的。

(7)《天文实习手册》

1951 年，佘山天文台由中国科学院紫金山天文台接管。接管之初，佘山天文台正处于百废待兴时期，李珩先生开始着手培养我国自己的天文观测工作者，为新参加工作的同志以及来自各大学天文、物理、数学系的实习同学编写了第一套天文观测和计算油印本讲义——《天文实习手册》。通过三年实践，他总结了佘山观象台大赤道仪的使用方法、天体观测数据的计算法，以及太阳黑子、太阳辐射热、太阳分光等的观测操作，于 1954 年重新整理编撰、刊印《天文实习手册》，赠予天文工作者。该手册至今对天文观测仍有指导意义。

(8)早年的生活用品

藏书室外回廊的橱柜里还展出了十几件当年佘山天文台工作人员的生活用品，如牛奶瓶、咖啡壶、打蛋器、招呼铃、铜制煮壶等，此外还有一架历史悠久的风琴，现都已成为非常珍贵的历史文物了。

(9)油画

在中西文化交流展馆走廊的墙上还挂着五幅油画，它们是佘山建天文台初期情况的真实写照。五幅油画分别是《建台时台址测量》《早期工作人员在 40 厘米天文望远镜前的工作情景》《1926 年国际经度联测的等高仪观测小组成员》《子午仪观测》《在佘山天文台主楼门前的早期工作人员》。其中，《子午仪观测》取材于 1947 年 3 月出版的《艺文画报》所发表的照片。

佘山天文台拥有丰富的书籍等藏品，还有待于进一步整理挖掘。

七、代表人物

1. 外籍代表人物

（1）徐家汇天文台首任台长能恩斯

能恩斯，瑞士人，1873 年 9 月来到中国，1880—1887 年任徐家汇天文台首任台长（图 4-91）。

能恩斯于 1845 年 7 月生于日内瓦州的谢纳堡。1862 年在弗里堡神学院学习，弗里堡为瑞士西部城市，弗里堡州的首府。弗里堡是瑞士天主教中心，能恩斯在那里加入了耶稣会。他曾经在英国斯通赫斯特天文台学习天文、气象、地磁观测。1873 年 9 月被委派至上海徐家汇天文台，

图 4-91 徐家汇天文台首任台长能恩斯

负责地磁业务研究。1874 年徐家汇天文台设立地磁部,能恩斯利用仪器设备开始进行简单的地磁观测。1879 年上海多次遭强台风袭击,能恩斯通过分析沿海各灯塔站及周边各站的气象数据,撰写论文《1879 年 7 月 31 日的台风》,分析并预报了 7 月 31 日的台风。这是徐家汇天文台首次较为准确地作出的台风预报,拉开了中国天气预报的序幕。1880 年,能恩斯接替高龙鞶徐家汇天文台的管理工作,成为徐家汇天文台首任台长。

(2)佘山天文台创建人蔡尚质

蔡尚质是来自法国耶稣会的神父,天文学家、罗马教廷科学院院士。1887—1896 年和 1926—1929 年期间,曾任徐家汇天文台第二、六任台长,1901—1926 年任佘山天文台第一任台长。

蔡尚质于 1883 年 10 月 24 日来到中国,先在徐家汇天文台筹备测时和授时业务,使原来只有气象预报和地震、地磁观测的徐家汇天文台真正开始从事天文工作。为了提升徐家汇天文台的地位和影响,他和其他人员一起努力,总共筹款 10 万法郎,向法国戈蒂埃公司订购了一架口径 40 厘米折射望远镜,建立了佘山天文台,并担任了该台首任台长。

蔡尚质主要负责太阳与恒星照相观测。佘山虽有坚固的岩基,但天文观测的小气候条件并不理想,山脚下稻田遍布,空气中的水蒸气几乎终年饱和,常常云雾弥漫,而且气流沿山坡上升,造成星象抖动,这些给观测带来了一定的影响。另外,一年 365 天中适于天文观测的晴夜还不到百日。在这样的工作环境下,在 1900—1926 年任徐家汇天文台、佘山天文台两台总台长的前后 20 多年里,他坚持带领工作人员日复一日、年复一年地进行观测,从未错过一个可观测的晴天,昼观日,夜摄星,为后人留下了 12 000 多张太阳照片、3000 余张星空照片和手绘日影图 7000 余幅，其中 1910 年哈雷彗星回归的照片弥足珍贵。他在太阳黑子与地磁关系、太阳自转等课题研究上也有不少论著。

在蔡尚质主持下开展的赤道星表的照相工作从 1916 年起持续了将近一年，而对底片上恒星的测算工作则用了 10 年时间，到 1928 年才编撰出版了一本包含 $\delta = \pm 0°\ 50'$ 范围，星等达 9.5 等，含有 14 268 颗恒星的《赤道星表》，成为蔡尚质在国际天文学界的成名之作。该星表刊登在 1928 年《佘山天文台年刊》第 15 卷上，现陈列于展柜中。

蔡尚质还有很高超的绘画才能。上海天文博物馆收藏着许多当年他一面通过望远镜观测，一面用素描绘出的太阳、行星以及气象云层图。特别是他亲手绘制的一些木星及其卫星观测形态图，清晰逼真，是十分珍贵的科学文物。我们整理布展时还发现了一幅早年佘山风景的水彩写生画（图 4-92），虽然作者没有署名，但是根据专家研究，可以确认绘画者就是蔡尚质。这幅画创作于 20 世纪初期，我们可以看到当时佘山上已经建成天文台，但圣母大教堂还没有建造，只有建于 1871 年的小教堂。蔡尚质除撰写关于太阳以及太阳活动对地球等影响的科学论文外，还编写过科普读物《多姿的宇宙》等。

图 4-92　20 世纪初期的佘山天文台水彩画

蔡尚质在当时天文台工作中的科学成果显著，受人敬重。20 世纪 30 年代，上海市区的法租界里有一条"薛华立路"，就是以蔡尚质的法国名字命名的，后更名为"建国中路"。

（3）颇有造诣的气象学家劳积勋

劳积勋（图 4-93）1859 年 12 月 24 日生于法国西北部的布雷斯特，1875 年加入耶稣会，1883 年 10 月来华，在徐家汇天文台工作。1887 年他回到法国，在巴黎大学学习，并获得科学硕士学位，后当选梵蒂冈科学院院士。1896 —1914 年、1919 —1926 年、1929 —1931 年，他分别任徐家汇天文台第三、五、七任台长。

图 4-93　劳积勋

1896 年，劳积勋任徐家汇天文台台长期间，其所研究的可视气象信号系统——用于为船只提供天气变化（尤其是恶劣风暴的警报）——在 1898 年被中国海关认可，并应用于中国大部分港口。由于在台风预报方面的才干与业绩，劳积勋在水手中广为人知，被誉为“台风神父”。劳积勋是一位颇有造诣的气象学家，他于 1900 年出版了《远东的大气》一书，这本书作为必备书籍由法国政府分发给在远东航行的舰船。在上海法租界曾有一条纪念他的“劳神父路”（现今黄浦区的合肥路）。

（4）荣获法国科学院奖的田国柱

法国人田国柱于 1905 年 11 月来华，1914—1919 年任徐家汇天文台第四任台长。在职期间，田国柱与黄伯禄共同完成的《中国地震总表》刊载于《徐家汇天文台观测公报》，整理出 3700 年中的 6000 多个地震记录，记录反映了 3322 个地震的情况。为此，田国柱荣获法国科学院颁发的奖金。

（5）法国科学院通讯院士雁月飞

法国人雁月飞（图 4-94）于 1926 年 5 月 29 日来到上海，成为徐家汇天文台第二代业务专家。

雁月飞的专长是重力测量和大气
物理学。他参加了 1926 年和 1933 年两
次国际经度联测,并且主持了第二次联
测,之后不久就担任法国经度局委员。
展柜中展示有他撰写的 1933 年国际经
度联测总结论文。

图 4-94 曾任徐家汇天文台总台
长的雁月飞

1930 年 8 月,徐家汇和佘山两个天
文台合并,称为"江苏天主教观象台"。
1931 年,雁月飞担任总台长。1933 年,
雁月飞应北平研究院邀请,用他发明的重力加速度测量仪器可倒摆,从
东北到华南共测量了 232 个重力点,这是中国历史上第一次较大规模的
重力测量活动。藏书室展柜中还展示了雁月飞当年发表的有关重力点
测量的论文报告。

雁月飞于 1935 年当选为法国科学院通讯院士,1939 年回法国。
他在晚年还担任过国际无线电科学联合会主席,1958 年 10 月 2—6
日,他出席了在美国华盛顿举行的国际科学联盟理事会第十八届大
会,在返回法国的途中,于 10 月 10 日在轮船上去世。

(6)中国天文学会外籍会员葛式

法国人葛式于 1907 年 9 月 20 日来到中国,1927—1931 年任佘山
天文台的第二任台长。

葛式擅长理论数学,还兼任震旦大学数学系教授。他在佘山天文
台主要从事双星的目视与摄影观测研究工作,曾对猎户座大星云内的
747 号星(双星)作过详细观测,系统地研究了 1722 对赫歇尔双星。
这一时期佘山天文台的工作人员和仪器设备相对来说是最稳定的,在

多种学科的研究方面都有成果。

中国天文学会于 1914 年成立，1930 年 10 月葛式申请并被批准加入了中国天文学会（图 4-95），当时的会长是蔡元培。据资料证实，葛式是该会中唯一的外籍会员。

图 4-95　中国天文学会向葛式颁发的证书

葛式所著《郭守敬球面三角学注略》一书中认为，我国元代天文学家郭守敬是中国球面三角学的创立者。他还著有《〈九章数书〉的研究》。这两篇专论是李约瑟著《中国科学技术史》数学部分所引用的经典著作。

（7）小行星专家卫尔甘

法国人卫尔甘（图 4-96）于 1922 年 9 月 22 日来到中国，1932—1946 年任佘山天文台的第三任台长。

图 4-96　佘山天文台第三任台长卫尔甘

卫尔甘精于数学计算，当第一任台长蔡尚质用照相方法编制《赤道星表》时，他利用图解法，简化了不少计算工作。1926 年，卫尔甘开始在佘山从事小行星观测及其摄动的研究，拍摄了"九华星""女娲星"等著名小行星的照片。他参加了 1926 年、1933 年两次国际经度联测和 1930—1931 年利用爱神星冲日测定太阳视差的国际联测,并先后在佘山天文台进行了太阳辐射热、月掩星预报、大气电离层和臭氧层等课题研究。他终身不倦地投身科学事业,历经20年,直至逝世。《佘山天文台年刊》17—21卷(1929—1937年)几乎每卷都登载了他的观测报告和论著。

1937年抗日战争全面爆发,佘山一带变为战场。卫尔甘和天文台工作人员除拆卸、迁运仪器和图书之外,还承担了救死扶伤的工作。他本人在日本侵略军占领期间备受身心摧残,积劳成疾,于1946年去世。

(8)曾任震旦大学校长的茅若虚

法国人茅若虚(图4-97)于1931年12月来到上海,1939—1949年任徐家汇天文台第九任台长,曾任震旦大学校长。

1937年7月7日"七七事变"后,茅若虚于1939年从雁月飞手中接任徐家汇天文台台长时,正值上海沦陷,租界也成为"孤岛"。天文台的工作人员人心浮动,有些工作被迫停止,但员工们在茅若虚的带领下,仍坚持日常观测,保住了无线电设备的使用权,并发布天气预报。1940年法国被纳粹德国占领,天文台的经费来源被切断。依靠梵蒂冈科学院院士、意大利神父龙相齐的关系,天文台的员工得以躲过日本法西斯的迫害。1945年第二次世界大战结束后,天文台的工作几乎停顿。

从1872年建立徐家汇天文台和1900年建立佘山天文台到1949年的70多年里,有8任传教士担任过两台台长。这8位传教士中,除能恩斯来自瑞士,其

图4-97 徐家汇天文台第九任台长茅若虚

他 7 位都来自法国。这些传教士大多数是一些博学之士,有很高的文化修养,尤其在法国派遣来的传教士中,不乏荣获"罗马教廷科学院院士""法国科学院通讯院士""梵蒂冈科学院院士"等称号者。所以,他们既是传教士,也是科学家。法国传教士来华的初衷是传教,但他们也把先进的西方科技成就带到上海,在中西科学文化交流方面取得了卓越的成绩,推动了上海气象、天文、地震等学科的迅速发展。

2. 中国代表人物

(1) 著名天文学家高平子

高平子(图 4-98),本名高均,因钦佩东汉天文学家张衡,而采用了张衡的字"平子"作为自己的号,后以此闻名。

高平子生于江苏省金山县(今属上海市)张堰镇秦山村一个先代务农的富裕书香家庭。他自幼聪敏好学,成绩优异。1904 年 16 岁时考入马相伯创建并担任院长的上海震旦大学学习。1912 年以单科和总分均为第一名的优异成绩毕业,并于 1913—1914 年自费在佘山天文台学习,他的一位老师就是佘山天文台第一任台长蔡尚质,另一位老师卫尔甘后来成为佘山天文台的第三任台长。离开佘山天文台后,高平子一度在震旦大学任天文学教授。1924 年,高平子代表中国政府从日本人手里接管了青岛观象台,从此开启了近代中国最早自办的时

图 4-98　中国著名天文学家高平子

间服务工作,并于1926年主持青岛观象台参加国际经度联测获得成功,为中国自办的天文机构在国际上确立了地位。

　　1928年,高平子来到南京担任中央研究院天文研究所研究员,并在建所初期代理理过所长,这个研究所就是紫金山天文台的前身。1935年,高平子代表中国天文学会赴法国巴黎参加IAU第五届大会,这是中国人的身影首次出现在这一国际学术讲坛上。在他的努力下,中国天文学会成为IAU正式成员。从此,中国天文界开始参与国际天文学界的各种活动。上海天文博物馆展陈了高平子的手迹"我今日的宇宙观:大宇圆融神物我,霎时流转去来今"、他52岁时的全家合影、他于1914年在《震旦大学院杂志》上发表的论文《授时平立定三差通解》(图4-99),以及他的多种著作。高平子担任过中国天文学会第一、二、四、五、六等届理事会理事,任第七、

图4-99　高平子在《震旦大学院杂志》上发表的论文

九、十、十一届秘书长,还曾担任中国天文学会编辑委员会第一——七届委员。

　　宇宙中天体及天体上的各种地形的命名都是经IAU组织讨论决定的。月球表面近千座较大的环形山经过IAU决议,都冠以世界著名科学家的名字。这一座座环形山犹如一尊尊不朽的丰碑,为世代

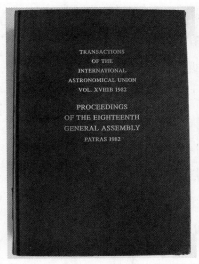

图 4-100　IAU 第十八届大会上通过的决议文件

传颂。1982 年 8 月，在希腊帕特雷召开的 IAU 第十八届大会上通过决议（图 4-100），将月球正面东经 87.81°、南纬 6.71°处一座直径为 34.54 千米的环形山命名为"高平子环形山"。高平子是当时唯一取得这一崇高荣誉的现代中国人。

2005 年，高平子的长孙、台湾中国文化大学教授、著名诗人高準先生专程回大陆参观上海天文博物馆，瞻仰祖父曾经学习、生活及工作过的场所（图 4-101）。

图 4-101　高準先生（右二）参观 40 厘米折射望远镜

（2）文采超群的天文学家李珩

李珩（图 4-102），四川成都人，中国科学院上海天文台首任台长。他从小喜爱数学和天文，1925 年赴法国留学，担任中国第一个科

学团体——中国科学社驻巴黎的通信
会员,经常为科学社主办的《科学》杂
志和天文刊物《宇宙》写稿,报道法国
和其他欧洲国家的最新科学进展。有
一次,有人在巴黎公开演示刚刚发明
的一项远距离传送活动图像的新技
术,李珩马上为《科学》撰写了报道,
并为这种前所未有的神奇技术创造了
一个新名词——电视,很快"电视"成
为汉语的专用名词,沿用至今。

图 4-102　中国著名天文学家李珩

　　1933 年,获得巴黎大学博士学位的李珩回国后在青岛山东大学任
教,并兼任青岛观象台研究员。抗日战争期间,他在四川担任大学教
授。1948 年,他作为访问学者去美国普林斯顿大学进修。中华人民共
和国成立之际,他毅然回到成都
华西大学工作。1950 年,中国科
学院接管了徐家汇和佘山两个
天文台。他应郭沫若院长邀请,
于 1951 年初来到上海,先后担
任佘山观象台和徐家汇观象台
负责人。为了加快恢复天文科
研工作,他亲自编写了《佘山观
象台实习手册》,培养了一大批
天文工作者(图 4-103)。1962
年 8 月 14 日,中国科学院发文
决定将徐家汇观象台和佘山观

图 4-103　20 世纪 50 年代初,李珩先生
(中)与佘山天文台的同事合影

象台合并,成立中国科学院上海天文台,李珩先生被任命为上海天文台首任台长,并担任了国家科委天文学科组成员,1981年当选中国天文学会名誉理事长。

李珩先生长期从事教学和天文学研究工作,曾主编《天文学报》。他的主要论著有《造父变星统计研究》《红巨星模型》《五个银河星团的照相研究》《星际钙线的等值宽度》等。他一生的著作和译作约有1000万字,甚至超过了许多专业作家。他翻译过许多科学名著,如《科学史》《大众天文学》《天文学简史》《普通天体物理学》《宇宙体系论》《球面天文学和天体力学引论》等,出版后在国内外产生了很大的影响,在国内外享有盛名(图4-104)。

图4-104　李珩先生(右5)与叶叔华先生(左3)等接待来访的 IAU 副主席(左4)

李珩先生还有很高的文学造诣,始终坚持科研与科普工作并重。他的科普讲演生动有趣,著作颇丰。从20世纪20年代开始,他在《科学》等杂志上发表了大量科普文章,如《业余天文学之发展》《科学的人生观》等,还担任过《物理学报》《宇宙》杂志主编。他也是1958年创刊的《天文爱好者》杂志的撰稿人和积极支持者。他创作了许多高质量的科普著作,其中《天文简说》是一本袖珍式的天文基础读物,

《哥白尼》《伽利略》《牛顿》是三本优秀的人物传记,他还编写了《天体力学浅谈》《星图手册》等。值得一提的是,他倾注了大量心血翻译的法国百万字的世界天文科普巨著《大众天文学》,该原著先后被十多个国家翻译出版。在著名科普作家李元的推动和协助下,该书中译本分3册出版,是我国近数十年来内容最全、篇幅最大、插图最多的经典天文科普图书之一。他一生发表了数百篇科普文章,在相当一段时间内影响了青年天文爱好者们的成长。中国科学院院士陈彪曾在一篇《自述》中缅怀李珩,深感李先生有三国时东吴大将陆逊的风度:"他最大的优点是虚怀若谷,以荐贤为己任。对于他认为优秀的人才,总是掏出心来培养。"

1910年,刚刚12岁的李珩在家乡成都目睹了著名的哈雷彗星,这件事对他走上天文学之路有很大影响。1985年初冬,时隔75年,已经87岁高龄的他又一次看到了这颗彗星,成为中国天文学界有幸两度见到哈雷彗星的老天文学家之一。

李珩先生于1989年去世,为纪念他对中国现代天文事业创建和发展作出的贡献,上海天文台天文大厦的大厅里安放了他的纪念铜像,并将他和夫人——著名翻译家罗玉君教授的骨灰合葬在佘山之巅。上海天文博物馆还展出了李珩先生生前用过的部分用品、手稿和著作等。

(3)天文学史专家陈遵妫

陈遵妫(图4-105),福州人,我国著名天文学家。1919年,他从北京师范大学附中毕业后,以优异成绩考取赴日本官费留学生,进入东京高等师范数学系深造。1926年,陈遵妫先生毕业回国,在北京教授数学,后应北平中央观象台台长高鲁之邀到观象台研习天文,此后就一直从事天文工作。1937年日本大举侵华,他负责押运紫金山天文台的仪器、物资迁

图 4-105　中国著名天文学家陈遵妫

往大后方, 避免了这些珍贵物品遭受破坏和掠夺的厄运。

　　1952 年, 陈遵妫先生受命到上海接管徐家汇天文台, 担任负责人。1955 年, 中国科学院副院长竺可桢、吴有训邀请他赴北京, 主持筹建中国第一座大型天文馆——北京天文馆, 并长期担任馆长。1986 年后, 他担任北京天文馆名誉馆长, 1981 年当选中国天文学会名誉理事长, 被誉为“中国天文界工龄最长的天文学家”。

　　研究中国天文学史是陈遵妫的毕生课题。他很早就开始系统地研究中国古代天文史, 经过 18 年的不懈努力, 他撰写的《中国古代天文学简史》在上海出版, 引起国际学术界的广泛重视, 先后被翻译成俄文和日文在国外出版。李约瑟在撰写的《中国科学技术史》中, 多处引用了陈遵妫的成果。陈遵妫年逾古稀时, 一只眼睛失明, 但仍完成了 170 万字的《中国天文学史》, 再度引起世界瞩目。

　　上海天文博物馆展出了陈遵妫先生撰写的《中国古代天文学简史》和《中国天文学史》(图 4-106), 还有他的第一本天文著作《流星

图 4-106　陈遵妫先生的部分著作

论》,这是第一份中国人对流星雨的科学观测记录。1930—1949 年,他一直任中国天文学会编辑委员会委员。

(4)上海近代天文学的见证者龚惠人

龚惠人(图 4-107)生于 1904 年 2 月,江苏崇明人(今属上海市),1920 年 8 月到上海徐汇公学求学。1925 年 8 月毕业后,经徐汇公学校长介绍到徐家汇天文台,先后在徐家汇和佘山两天文台从事时间和地磁等观测、计算工作达 20 年之久,曾任徐家汇天文台天文部主管。后因日军占领,天文台工作暂停,龚惠人留职停薪去中学教了一年书,1946 年 8 月又回到天文台继续从事所熟悉的时间服务工作。他还在不同时期参加过物理气象、地磁测算和频率标准研制等工作。1950 年以后,他历

图 4-107 龚惠人先生

任中国科学院徐家汇天文台技师、副总工程师,中国科学院上海天文台总工程师(高级工程师)、研究室主任、副台长、天文台顾问等职。他以自身的知识和经验,带领年轻的天文工作者为发展我国的时间频率服务工作作出了重要贡献,1956 年被评为全国先进生产者。

龚惠人在徐家汇天文台和佘山天文台工作达 60 余年,是我国从事天文工作最早、工作时间最长的学者之一。他也是中西方天文学交流的实践者和见证人。中华人民共和国成立以后,他以强烈的事业心、责任感和出色的工作业绩,受到了我国天文界广泛的敬重。

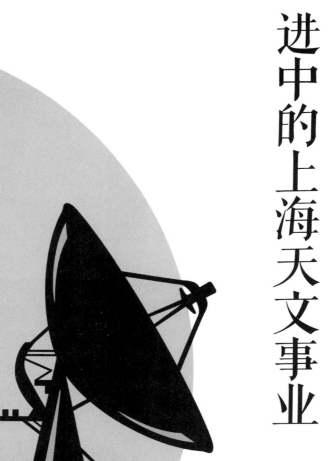

第五章

前

进中的上海天文事业

⊖

　　中华人民共和国成立后，1950 年 12 月 11 日上海市军事管制委员会发布文件，成立了"上海市军事管制委员会徐家汇及佘山天文气象台管理委员会"等。同年 12 月 12 日，上海市人民政府从法国传教士手中接管了徐家汇天文台和佘山天文台。

　　1951 年 6 月 19 日，中国科学院设立"中国科学院紫金山天文台、地球物理研究所联合上海工作站"（以下简称"天地联沪站"），对徐家汇、佘山两台实行联合管理。遵循管理委员会"逐步把过去的工作恢复起来，然后再图发展"的批示，佘山天文台从通电通水，整理散落各处的天文底片和资料、图书，到逐步恢复 40 厘米折射望远镜的照相观测，开展星团成员、星团自行等照相研究，小行星群摄动研究等工作。根据国家测绘工作的需要，国务院向科学院下达了尽快恢复和履行授时工作的任务。从 1952 年下半年起，徐家汇天文台在天文测时和授时工作方面进行了一系列工作，成功地改进了帕兰子午仪的计时设备，进行天文测时，白天两次对沿海船舶播发时间信号，后于 1953 年 10 月 1 日开始试播夜间时号（呼号为 BPV）。

1. 徐家汇观象台和佘山观象台成立

1954 年 6 月 4 日，中科院撤销"天地联沪站"，将其地磁和地震工作划归地球物理研究所，天文工作划归中科院紫金山天文台。紫金山天文台将原徐家汇天文台和佘山天文台更名为徐家汇观象台和佘山观象台，任命陈遵妫为徐家汇观象台负责人，李珩为佘山观象台负责人。1955 年春，陈遵妫调任北京天文馆筹备处负责人后，两观象台均由李珩负责。

徐家汇观象台主要从事的科研工作包括测时和授时、地球自转不均匀性研究、测时仪器误差的研究、星表和天文常数研究、时间频率标准等。

1954 年 6 月 22 日，徐家汇观象台的时间工作参加了苏联标准时间系统，合作开展时号改正数的服务工作，并于 7 月 1 日正式用 BPV 呼号发播了我国的时间信号，标志着我国自己的时间服务工作启动。随后，BPV 呼号还正式发播 10 兆赫、5 兆赫标准频率，稳定度达 5×10^{-9}。

1955 年 1 月 20 日，由徐家汇观象台与上海人民广播电台合作，正式发播民用的六响标准时间讯号，精确度为 0.05 秒。

1956 年，徐家汇观象台为准备参加 1957 年国际地球物理年经纬度联测及时间工作，购买了丹容等高仪等测时仪器，添置了大型石英钟。同年又改装了从苏联引进的蔡司中星仪，采用光电记录测时信号的办法，使其成功变身为我国第一台光电中星仪，测时精确度有了显著提高。

1957 年 7 月 1 日，徐家汇观象台代表我国参加了 1957—1958 年的国际地球物理年活动，参与了第三次国际经度联测。

1957 年 10 月 9 日，中科院在上海召开了授时工作会议，对徐家汇观象台的授时工作进行质量鉴定，认为徐家汇观象台的授时工作已能满足国内大地测量、航海、航空和工矿等对精确时间的需要，并决定在全国建立时间网，要求徐家汇观象台协助各有关天文台站建立天文测时和时间频率标准方面的工作。

1959 年 1 月，利用徐家汇观象台和紫金山天文台的天文测时资料，由徐家汇观象台建立了我国"综合世界时"系统，并承担了"综合世界时"系统的数据汇总、处理和出版工作，形成了我国自己的时间服务系统。同年 6 月，国务院下达了由徐家汇观象台建立我国自己的时间频率基准的任务。

佘山观象台主要从事方位天文、恒星天文、天体力学和太阳物理方面的研究，并继续利用 40 厘米折射望远镜开展一系列照相天体测量研究。

佘山观象台在 1954 年发表了《五个银河星团的照相研究》，开创了我国的星团自行测定和研究工作；1955 年参加了《苏联微星星表》中的小行星及河外星系的观测工作；1958 年开展了小行星照相定位和轨道计算等工作，如小行星爱神星和伏洛拉的普遍摄动计算及轨道改正、星历表的编制、人造卫星的观测、太阳黑子的描绘、太阳光球摄影和太阳分光研究等。为满足照相天体测量的需要，还添置了一台蔡司坐标量度仪。

2. 上海天文台成立

1962 年 8 月 14 日，中科院发文，将徐家汇观象台和佘山观象台合并组成中国科学院上海天文台，李珩出任第一任台长。

上海天文台成立后,下设三个研究室和图书馆、仪器组。

(1)第一研究室为时间纬度研究室,它的前身是徐家汇观象台的测时组,主要从事世界时和纬度变化的测定、观测仪器的改进、时号改正数的归算和出版,同时开展地球自转变化、地极移动、星表和天文常数等研究工作。

继 1959 年我国的综合世界时服务系统建立之后,第一研究室通过积极提高测时仪器的精度,改进并完善数据处理方法,使我国的世界时测时精度跃居世界先进行列,为国民经济和国防建设作出了贡献,得到了国家的肯定和嘉奖。1973 年 2 月,北京召开全国经度网联测工作会议,会议决定全国经度网由上海、北京、蒲城、西安、昆明五个点组成,以上海天文台测时仪器所在处的经度值为全国经度网的起算值。1976 年在全国经度网联测工作中,上海天文台建立了国家经度原点观测室,并确定了经度原点的经度值为东经 $8^h05^m42^s.5067$。1976 年,该室还参加了建立我国独立确定地极坐标的工作。

1964—1966 年和 1970 年,上海天文台多次派工作人员前往海南岛三亚地区进行南方天体测量天文台(低纬度天体测量站)的选址和星表观测工作,取得了有价值的第一手资料。

(2)第二研究室为照相天体测量及天体力学研究室,它的前身是佘山观象台的方位天文和理论天文组。该研究室主要利用长期积累的天文观测资料和 40 厘米折射望远镜,继续开展以河外星系为背景的恒星绝对自行、疏散星团自行、射电星自行、射电源自行、天琴座 RR 变星自行、小行星定位和摄动研究,还进行了目视双星观测、人造卫星观测,星历表及视轨道总表的编制,利用月球照相定位确定历书时等工作,取得了丰硕的成果。

1974 年,在万籁副台长的带领下,一批研究人员提出开展银河系结构和演化的研究。为了让天文研究赶上世界先进水平，他们还提出了研制 1.56 米天体测量望远镜的建议。

（3）第三研究室为时间频率标准研究室，它的前身是徐家汇观象台的钟房组和电子实验组等。该研究室主要从事标准时间和标准频率的发播、时间同步研究、原子时的建立、频率基准及电子仪器的研制等工作，为天文学研究、大地测量、人造卫星发射、航海、国防建设和国民经济提供了时频服务。

在 1966—1975 年间，上海天文台的广大科研人员在极其困难的情况下仍坚持了时频发播、时间与纬度的观测、世界时服务等日常科研工作，并不失时机地开展了一些有利于天文发展的科研工作。如为我国人造卫星和导弹发射提供时频基准、进行人造卫星激光测距（SLR）试验、开展天文与地震关系的研究，以及参与我国 II 型光电等高仪和照相天顶筒的研制等。1972 年，遵照周恩来总理的指示，我国自行研制的第一台氢原子钟在上海天文台诞生，保证了用高新技术进行天文观测的需要。之后又继续将其改进成一种高精度、可移动的工程实用型的新型氢原子钟，其频率标准的稳定度为 10^{-15} 量级，达到国际先进水平。

（4）有关地磁、地震研究工作

从 1874 年徐家汇天文台设立地磁部起，就开始进行电磁、地震研究工作。传教士能恩斯利用仪器设备进行简单的地磁观测，1904 年开展地震观测。1908 年地磁观测搬迁至菉葭浜天文台，1930 年地磁观测与研究又迁到佘山，在西佘山的东半山腰建起地磁观测记录室，建立佘山地磁台。经过两年的观测比对，1932 年佘山才正式开始进行地磁观测记录。1950 年 12 月，徐家汇天文台和佘山地磁台由上海市人民政府接管，交中科院地球物理研究所管理。1952 年 4 月，徐家汇地磁台迁至佘山山顶,与佘山天文台、佘山地磁台合并,更名为"中国科学院地球物理研究所紫金山天文台佘山观象台"。

1972年,地球物理研究所的佘山地震台(地震、地磁工作)并入上海天文台,成立地震研究室。上海天文台于1973年成立地震观测预报研究室。自1900年佘山天文台开展地球物理观测与研究起,在地球物理学研究方面发表了《1876—1927年间地磁观测》《地磁与太阳黑子活动研究》《地磁与彗星、流星的关系》,以及《中国地磁图》《1920年甘肃地震》《中国重力分布图》等专著与论文。1976年7月28日河北唐山市发生里氏7.8级地震后,当年10月原属上海天文台的地震研究室被划出,成立上海市地震办公室(后改为上海市地震局)。

2004年11月28日,在原佘山地震台基础上建成的上海地震科普馆对外开放,展览面积达1000平方米,保存着具有百年以上历史的爱丽奥特磁力仪、维歇尔地震仪,以及地磁、地震的研究资料。

3. 科学的春天

在20世纪70年代初,根据国家发展的需要,陕西天文台建成并开始了时间发播工作。按照1977年全国天文学科规划的分工和部署,上海天文台传统的时间工作正式转移到陕西天文台(陕西省临潼,东经109° 33′、北纬34° 57′、海拔497米)。从1981年7月1日起,上海天文台停止了BPV时号和标准频率的发播。

1980年《中国科学院上海天文台台刊》第一期出版,该刊物的前身是1907年创刊的《佘山天文台台刊》,1979年更名为《中国科学院上海天文台台刊》,每年一期,主要反映上海天文台的最新科研动态,刊登科研人员的研究论文、工作报告、实测资料等。

在国际合作中,上海天文台与国内有关台站一起参加了1983—1984年的国际地球自转联测。根据国际极移服务局的资料,1978—1983年间,全球70架测时仪器中,我国测时仪器的精度在前11名中占了9名,我国测时仪器观测资料约占全球的三分之一。由此可见,当时我国的世界时工作在世界上有着举足轻重的地位。在参考系的建立方面,上海天文台在积极参与其他台站的星表工作的合作研究外,还利用本台的中星仪和等高仪的长期观测结果,研究亮星的自行,开展大行星和射电星的定位观测,研究光学参考系的春分点和赤道与射电参考系的连接等。

(1)创新发展

众所周知,天文学是一门研究天体的学科,它以观测天体、接收天体的信息为基础。在源远流长的天文学发展长河中,自始至终都贯穿着天文观测这条生命线。不断改进与拓宽天文观测的方法、不断提高观测精度、不断运用各种科学技术接收天体传来的各种信息,这是天文学家研究的追求和使命,也是推动天文学发展的动力和源泉。

自20世纪60年代中期以来,国际上相继出现了SLR、VLBI等天体测量新技术。时任上海天文台第一研究室主任的叶叔华时刻关注着国际天文学发展的动态,及时组织科技人员积极加强与国际天文学界的联系,进行了大量的调查研究工作。这些新技术可用于精确测定地球自转和地球大尺度的地壳运动,在精密大地测量、军事测绘、地震预报和板块运动检测等多方面都具有十分重要的实用价值,并有利于开展天文学和地学的交叉学科——天文地球动力学的研究。在我国天文界内积极呼吁发展天文新技术的同时,叶叔华还及时提出了对上海天文台的科研方向进行调整的建议。上海天文台着手开拓新技术在天文学上的应用,相应也对科研队伍进行了整合,成立了天文仪器研究室、射电天文研究室、卫星动力学研究室、红外天文研究室等,从而逐步进入了天文科学研究的前沿领域。1978年3月的全国科学大会为我国科研工作迎来了科学的春天,也为我国天文地球动力学的研究提供了一个崭新的舞台。

1978年6月,在台长叶叔华的领导和努力下,上海天文台的仪器设备得到进一步更新,从而拥有了三项世界上先进的天体测量新技术:SLR观测技术、25米射电望远镜VLBI观测技术、GPS观测技术,现有大型天体测量望远镜也得到了更新,天文地球动力学研究在上海天文台蓬勃开展。

1970年中国第一颗人造卫星发射成功给天文工作带来了巨大的希望和生机。在20世纪50年代,佘山观象台已成立了理论天文组和人造卫星组。科研人员抓住发展机遇,与上海光机所合作于1975年12月研制成功口径为30厘米的我国第一代红宝石人造卫星激光测距仪,并投入正常观测,其测距精度为米级。1983年又研制成功第二代激光测距仪,望远镜口径达60厘米,其系统测距精度好于20厘米,

图 5-1　口径 60 厘米激光测距观测室

测程可达 7000 千米, 并参与了 SLR 的国际联合测量工作(图 5–1)。1985 年第三代 SLR 系统问世, 其测距精度达到 5—6 厘米。通过不断实践与改进, 1992 年 5 月其测距精度提高到 2 厘米, 标志着我国卫星激光测距技术的重大飞跃, 达到了世界先进水平。

(2) 天文地球动力学和VLBI系统

早在 1972 年, 上海天文台就成立了射电天文组。1974 年, 实验型 VLBI 系统开题研制。1978 年完成了中国 VLBI 系统总体方案的研究和制定。1981 年研制的口径 6 米的射电望远镜和第二代接收终端组成的 VLBI 系统与德国马普射电天文研究所进行了首次欧亚 VLBI 实验, 取得成功。1987 年 5 月在东佘山北侧建成口径 25 米射电望远镜观测基地, 不但可以对天体进行射电观测, 还能通过相关设备与相距甚远的其他射电望远镜进行 VLBI 观测, 将其用于地球自转参数的研究, 精度比经典仪器有了几个数量级的提高。1989 年 1 月, 上海天文台的 VLBI 系统通过中科院院级鉴定, 并在天体物理学、天体测量学及地球动力学等学科上得到了广泛应用, 为上海天文台开拓了全新的研究领域。这是我国第一个具有国际先进水平的 VLBI 系统, 获得了中科院科学技术进步一等奖。它的建成使上海天文台在国际 VLBI 观测和研究工作中占有一席之地, 并成为欧洲 VLBI 网的协联成员。

随着世界大口径天文望远镜的发展, 佘山的 40 厘米折射望远镜已不能满足天文科研的需要, 因此在 20 世纪 70 年代初, 上海天文台万籁副台长提出赶超美国海军天文台的 1.55 米反射望远镜的目标。经过几年的调研及探索后, 科研人员于 1974 年提出了研制口径为 1.56 米的天体测量望远镜的课题。从 1978 年正式开始研制工作, 经过 10 年的奋力拼搏, 在有关单位的协作下, 这架望远镜终于在 1987 年安装调试完毕。1992 年 11 月, 1.56 米天体测量望远镜的研制获得国家科技进步一等奖。这使上海天文台具有了开展恒星三角视差测量工作的条件,即用三角学方法测定恒星距离,而这是天体测量学中一项非常重要的基础性工作。

全球定位系统(Global Positioning System, GPS)是美国继阿波罗登月计划和航天飞机计划之后的第三项庞大的空间计划。该系统从20世纪70年代开始研制,历时20年,耗资200亿美元,于1994年全面建成,是具有海、陆、空全方位实时三维导航与定位能力的新一代卫星导航与定位系统。GPS的迅速发展引起了世界各国的高度重视。上海天文台早在1978年就关注着GPS的发展,充分认识到它对人类活动将起到重要作用。在叶叔华台长的努力下,上海天文台开展了密切的国际合作,于1992年参加了国际上第一次的GPS联测,培养了一批科研骨干,不仅为我国的地球动力学、天文学、大地测量等科研工作开拓了新的领域,也为我国的经济建设、国防建设作出了贡献。

1987年11月,上海天文台在佘山站隆重举行1.56米天体测量望远镜和25米射电望远镜揭幕仪式,全国政协副主席、中国科协名誉主席周培源,上海市副市长倪天增和中科院副秘书长岳致中等剪彩。全国人大常委会副委员长严济慈、中科院院长周光召、IAU主席及其他有关中外天文专家都来电来函表示热烈祝贺。中科院及上海分院、上海市科委有关领导,全国天文界、测绘界,美国、日本等国内外同行代表参加了揭幕仪式。这些观测设备的投入使用使上海天文台的天文观测手段跃上了一个新台阶,开拓了全新的研究领域。

在20世纪80年代中后期,上海天文台已同时拥有几项先进的观测技术,并建立了包括经典光学技术和多普勒观测、SLR、VLBI、月球激光测距(Lunar Laser Ranging , LLR)等五种观测技术的资料分析和数据处理程序系统,上海天文台还开展了一系列国际天文合作研究,特别在地球物理参数与地球自转参数的研究、人造卫星的精密定轨、板块运动的实测结果等方面得到了国内外同行的重视。上海天文台在国际地球自转参数服务中承担了 SLR、VLBI、LLR 全球资料分析中心和全球地面参考坐标系基准站的任务，并且是国家"八五"基础研究重大关键项目《现代地壳运动与地球动力学研究》的主要参加单位之一，时任上海天文台台长的叶叔华院士是该项目的首席科学家。更重要的是，我国天文界在国际天体测量的新老技术变换过程中，紧跟国际先进技术水平和研究领域，从而在世界天文学新的研究和新技术应用领域占有了一席之地。

在时频工作方面，国际上时间和频率的准确度和测量精度迅速提高，成为科学研究和工程技术领域不可缺少的工作。上海天文台建立了独立的原子时尺度，开展了电视、卫星、激光和长波等时间信号同步实验，并为本台的多普勒观测、SLR、VLBI 等实测系统提供了高精度的时频标准，还为参加国内外 GPS、静止轨道卫星激光同步（LASSO）、改进的"子午仪号"卫星（NOVA）、电视广播卫星以及气象卫星测距信号的同步接收等项目的研究提供了时频标准。

1979 年 8 月，叶叔华参加了中国天文代表团，前往加拿大蒙特利尔与 IAU 进行了关于恢复中国天文学会会籍问题的谈判，并参加了第 18 届 IAU 大会的学术活动。1981 年 9 月，IAU 恢复了我国的会员国席位，同时接纳我国 47 位天文工作者为个人会员。其中，上海天文台李珩台长恢复了会籍，副台长叶叔华、万籁、何妙福等六位科研人员为新入会会员。1988 年 8 月，叶叔华台长参加了在美国巴尔的摩举行的第 20 届 IAU 大会，并在会上当选为 IAU 执委会副主席。

（3）科学研究与科普工作融合

为监测 1986 年哈雷彗星回归，IAU 成立了国际哈雷彗星观测工作组（IHW），领导和协调世界各国的天文观测研究工作。1982 年，上海天文台参加了该组织，除在佘山天文台开展哈雷彗星的照相定位观测外，还成立了哈雷彗星观测小分队，于 1984 年赴云南昆明进行搜寻哈雷彗星的 CCD 观测，取得了哈雷彗星本次回归的国内第一批系统资料；1986 年分别赴新疆和海南岛三亚开展光学广角观测，拍摄哈雷彗星的彗尾活动；在陕西眉县进行羟基谱线射电观测。为监测哈雷彗星位于南半球的活动，上海天文台在 1986 年还派员参加了中科院赴新西兰观测小组，在约翰山（南纬 44°处）进行彗星分裂近核观测。上海天文台科研人员利用佘山天文台 40 厘米折射望远镜于 1910 年拍摄的哈雷彗星老底片，绘制出哈雷彗星的等密度图。由于在哈雷彗星回归的观测与研究上的这些创新与突破，1991 年上海天文台获得国家自然科学三等奖。

1987 年 9 月 23 日，我国广大地区发生了一次日环食，上海天文台在徐家汇南丹路大院内，与上海自然博物馆合作利用 6 厘米波长射电观测，首次记录了掩食曲线，得到了太阳射电半径、等效半径及食甚剩余流量，还计算出日面局部射电源的角径、平均亮温度等。此外，天文台还组织了两支光学观测队，分别赴江苏省阜宁市和安徽省天长市拍摄了环食始和环食终瞬间贝利珠现象的优质录像片，并由此测定出标准太阳半径改正值。

自 1962—1992 年，上海天文台成立三十年就取得了丰硕的科研成果，其中荣获全国科学大会奖 5 项；中科院重大成果奖 5 项；上海市重大成果奖 1 项；国家自然科学奖二等奖、三等奖各 1 项；国家科技进步一等奖 1 项、二等奖 1 项、三等奖 1 项；多项中科院和上海市自然科学奖、科技进步奖；发表 SCI 和 EI 科学论文 248 篇，出版专著、译著 29 本。1980 年，叶叔华先生当选为中国科学院学部委员（中科院院士）；1991 年，苗永瑞先生当选为中科院院士；1995 年，朱能鸿先生当选为中国工程院院士。

　　1998 年上海天文台天文大厦落成，进一步为科研人员创造了良好的工作环境（图 5-2）。

图 5-2　上海天文台的天文大厦（时任中国工程院院长徐匡迪题词）

（4）科学研究方向的前瞻性

　　1993 年，上海天文台按照中科院"要把主要力量动员和组织到为国民经济和社会发展服务的主战场，同时保持一支精干力量从事基础研究和高技术创新"的办院方针，在认真分析和调研的基础上，结合科研规模性的结构调整和"九五"期间事业发展规划纲要的讨论，把科研发展方向定为：以天文地球动力学为主，有重点地积极发展天体物理研究，凝练科研工作目标，不断提升上海天文台的活力、实力和竞争力，逐步建成具有一流科研水平，在世界天文学前沿领域具有强大竞争力的现代天文研究机构。

　　①天文地球动力学研究

天文地球动力学是天文学与大地测量学、气象学、海洋学、地质学、地震学、地球物理学等学科相互交叉的新兴前沿学科。它运用天文手段和空间测量技术,研究地球整体与各圈层的物质运动的相互关系及其动力学机制,并探索其在自然现象预测中的应用前景。1995 年6 月,上海天文台将原基本天体测量研究室与卫星动力学研究室整合,组建了天文地球动力学研究中心,下设 5 个研究团组:空间飞行器精密定轨及其应用组、地球自转变化组、射电天体测量与天球参考系组、卫星激光测距技术和应用组、现代地壳运动监测与地球参考系组,并重点发展天文地球动力学与空间飞行器精密定轨及其应用两个方向。天文台还进一步开展高精度天文参考系的研究,利用现代空间技术高精度、高分辨率的手段监测地球整体及各圈层物质运动;利用学科交叉优势,综合研究它们的动力学演化过程;为人类地球环境变化及预测提供科学依据。

为促进我国天文地球动力学的深入发展,1999 年 12 月 10 日经中科院批准,由上海天文台、武汉测量与地球物理研究所和上海同济大学联合倡议组建的中科院“天文地球动力学联合研究中心”正式成立,叶叔华院士担任联合研究中心主任。该中心下设 3 个研究团组:GPS 大气学研究组、卫星动力学研究组、地球流体圈层和自转动力学研究组。

1995 年以来,在空间天文技术监测,大气、海洋和地壳综合研究,地球自转和地球各圈层运动的相互关系及机制研究方面,上海天文台都取得了不少国内领先、国际一流水平的成果。

1995 年 3 月,根据国际 GPS 地球动力学服务总局(IGS)对全球90 多台站的资料分析研究,上海天文台的 GPS 测量精度名列前五,达到世界领先水平。

由叶叔华院士倡议的"亚太地区空间地球动力学计划"（APSG）列入了 1995 年 7 月在美国举行的国际大地测量和地球物理联合会大会的正式决议。同时，大会提议 APSG 计划由叶叔华先生主持。1996 年 5 月，首届 APSG 计划国际会议在上海举行。会议决定将 APSG 总部设在上海，叶叔华院士当选为 APSG 首届执委会主席。

②天体物理研究

天文物理研究利用光学、红外、VLBI 等观测手段及数值模拟方法，研究银河系的结构与演化、致密天体的结构形态、星系和星系形成、星系团和宇宙大尺度结构等，下设 5 个研究团组：银河系结构与演化组、宇宙大尺度结构组、活动星系核与 VLBI 天体物理组、宇宙的起源与演化及相对论研究组、1.56 米天体测量望远镜观测组等。

1994 年 7 月，人类有史以来首次准确预报了太阳系天体重大碰撞事件。这次被称为千古奇观的彗木相撞，牵动了全球天文学家和业余天文爱好者的心。上海天文台参加了彗木相撞全国联测网，在"苏梅克－列维 9 号"彗星撞击木星期间，用 1.56 米天体测量望远镜和 25 米射电望远镜观测此次太空之吻，拍摄了 1000 多幅 CCD 照片，取得了五次木卫闪光的光变曲线。

③ VLBI

VLBI 是现代天文观测研究中分辨本领最高的观测手段。利用 VLBI 可观测河外射电源、类星体、活动星系核等致密结构和喷流，为探索活动星系核巨大的能量来源、内在的辐射机制和演化提供了必不可少的观测资料，为天文地球动力学研究提供了高精度的测量结果。佘山 VLBI 的基线观测（基线长度几千千米）已达到 6 毫米的精度。1993 年 12 月，该系统获得国家科技进步二等奖。1994 年 4 月，上海天文台成为欧洲 VLBI 网（EVN）第一个非欧洲成员单位。

上海天文台的 VLBI 观测设备还参加了"火星全球勘测者号"的 VLBI 定位观测,以及金星和火星雷达 VLBI 实验,都获得了成功。此外,天文台还开展了 VLBI 新技术、新方法的研究,以提高 VLBI 的观测灵敏度、分辨率,并在提高观测效率的同时探索研究大型射电望远镜进行毫米波 VLBI 观测的可能性,在 VLBI 测量技术前沿领域中发挥了积极的作用。

叶叔华院士和朱能鸿院士分别于 1997 年 9 月和 2001 年 9 月获得何梁何利基金科学与技术进步奖。

4. 融入国家知识创新工程

1998 年 6 月 13 日,中科院召开了"落实科教兴国战略,实施知识创新工程"大会,通过了《中国科学院知识创新工程试点工作实施纲要》。1999 年,上海天文台首批成为中科院国家知识创新工程试点单位。在中科院的直接领导和上海市政府的支持下,按照创新工程的总体要求,在短短几年时间里瞄准国际科学前沿,聚焦国家战略需求,上海天文台广大科技人员团结创新、锐意进取、积极承担国家重大项目,在宇宙结构的数值模拟和行星地球动力学等领域取得了国际领先的原创性成果,并且涌现出一批优秀人才和科研团队。

2002 年,上海天文台迎来了成立 40 周年暨建台 130 周年,时任全国人大常委会副委员长周光召为此题词"钻研天文　献身科学"(图 5-3);时任中科院院长路甬祥题词"发展天文事业　服务国家需求";时任中国工程院院长徐匡迪题词"中西交汇百年　测地观天日新"。此外,还有时任中科院副院长白春礼、上海市人大常委会副主任龚学平、上海市副市长严隽琪以及中科院上海分院沈文庆等领导的题

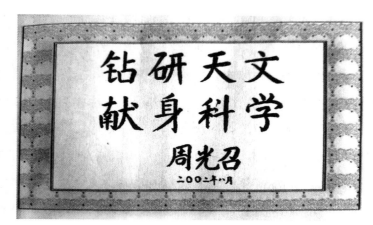

图 5-3　周光召题词

词，都是上海天文台的真实写照。

（1）瞄准国际前沿，勇攀科学高峰

上海天文台在国际前沿领域的主攻方向是天文地球动力学和天体物理。

在天文地球动力学研究方面，上海天文台拥有 VLBI、SLR、GPS 等多种高精度现代空间测量技术，其发展目标是建立国际一流的观测基地和具有综合数据处理与分析能力的天文地球动力学研究中心，在国际相关学术组织中占据重要地位，各项技术的测量精度均居于国际先进行列。

2003 年，上海天文台分别对位于地球同步轨道和同步转移轨道的人造卫星进行了多次单基线——上海和乌鲁木齐 VLBI 站跟踪观测；2004 年，VLBI 测轨分系统组织了国内仅有的 3 个观测站——上海站、乌鲁木齐站、昆明流动站，参加了我国"探测 1 号"卫星的跟踪观测，该卫星的轨道的远地点约 8 万千米，3 个台站的 VLBI 观测资料成功对"探测 1 号"卫星定轨；VLBI 分系统还对欧洲空间局发射的"SMART-

1 号"月球探测器（当时距离地球 28 万千米）进行了观测，进一步验证了 VLBI 的测轨能力。通过不断实验，上海天文台初步建立了利用 VLBI 设备测量人造卫星轨道的完整体系，从而为日后承担"嫦娥工程"的 VLBI 测轨任务奠定了基础。上海天文台"利用国内 VLBI 设备观测人造卫星"的研究工作荣获 2004 年全国十大天文科技进展奖。

在天体物理学研究方面，上海天文台顺应国际天体物理学研究的主流，从事星系宇宙学研究，开展了星团和星系的结构与演化研究、宇宙大尺度结构的数值模拟和宇宙学研究，以及对暗物质和暗能量的物理特征研究。此外，还利用 VLBI 技术观测和研究了活动星系核及其他致密天体的结构，并研究中央黑洞、吸积盘以及射电喷流等。

2000 年 6 月由中科院与德国马普协会共同批准，上海天文台和德国马普天体物理研究所负责开展中德双边合作项目，成立了中德马普青年伙伴小组。该小组由上海天文台景益鹏研究员任首席科学家，主要从事星系的形成与演化、宇宙大尺度结构、引力透镜、星系相互作用、类星体吸收线系统等领域的大型计算机数值模拟和理论模型研究，同时为国家大科学工程郭守敬望远镜（LAMOST）提供强有力的科学支持。上述研究的目标是使我国的宇宙学研究成果在国际上处于领先地位。该小组建立多年来已经发表许多研究结果，得到了国际学术界的普遍认可。

2006 年 1 月 9 日在人民大会堂召开的全国科学技术大会上，景益鹏研究员领衔和主持的《宇宙结构形成的数值模拟研究》课题获得国家自然科学二等奖。

（2）面向国家战略需求，参与国家重大项目

浩瀚的宇宙吸引着人类的注意力，也等待着人类的开发。从 20 世纪末开始，大规模开发太空资源、开创空间产业，并最终实现太空居住等一系列相关努力, 正逐渐成为航天探索的主旋律。2000 年 11 月我国政府发表的《中国的航天》白皮书中进一步明确了我国的航天发展目标。从 1970 年 4 月的"东方红一号"卫星上天到 2005 年"神舟六号"载人飞船的回收, 上海天文台充分发挥在时间频率和精密确定空间飞行器轨道方面的优势, 积极参与国家的航天事业, 为航天发展提供科学与技术支持, 之后还积极承担了"嫦娥工程""载人航天工程"等国家重大项目的有关任务。

作为国内唯一的氢原子钟研制生产单位, 上海天文台为我国天文观测台站和其他国内用户研制了十多台高精度的氢原子钟, 并投入使用, 该研制项目曾多次荣获国家和中科院成果奖。

由上海市政府投资, 上海天文台牵头筹建的上海地区 GPS 综合应用网, 由覆盖长江三角洲地区的 61 个 GPS 基准站组成。2001 年 5 月工程启动, 2003 年 12 月完成, 进入实时业务运行。GPS 综合应用网在长江三角洲地区进入梅雨季节转换的诊断和上海地区暴雨监测预报的研究、上海城市大地测量控制、精密工程测量控制、上海地区地壳运动和地面沉降的监测等方面均发挥了重要作用。

由上海天文台朱文耀研究员主持的"上海地区 GPS 综合应用网"项目荣获 2005 年度上海科学技术进步二等奖。

为了使世界天文界珍藏的百年天文玻璃底片在天文科学研究中发挥应有的作用, 在 IAU 第 9(仪器和技术)专业委员会下属的巡天工作组(WGSS)的协调下, 从 1991 年开始, 保加利亚科学学院空间研究所与天文研究所合作建立大视场底片(视场大于 1°)档案库, 至 1995 年 3 月已发表大视场底片信息表第 5 版, 包括全球 345 个底片库 200 多架望远镜从 19 世纪末以来 210 万次以上的观测, 该档案库可以通过法国斯特拉斯堡天文数据中心进行在线交互式天文底片信息查询。

　　2000年IAU第5(学术资料与天文数据)专业委员会成立了"底片保存与数字化工作组"。为此,上海天文台金文敬、唐正宏等研究员开展了深入调研。在2004年中国天文学会学术年会上,唐正宏、王叔和等研究人员提出进行我国天文照相底片数字化工程的提案,得到了我国天文界同仁的大力支持。

(3)加强国际合作,打造一流天文台

　　上海天文台长期以来就有良好的国际合作传统,同美国、德国、英国、荷兰、意大利、法国、日本、俄罗斯、加拿大、比利时、阿根廷、乌克兰等国家的研究机构签有合作协议,在天文地球动力学和天体物理研究领域开展了多种形式的密切合作。叶叔华院士倡导并组织的APSG计划是以我国为主的大型国际合作研究项目,该计划的主要目标是联合亚太地区有关科研机构的力量,利用空间技术合作研究该地区的地球动力学现象,包括板块运动、地壳形变和海平面变化等。

　　APSG计划启动以来,已组织了多次甚长基线干涉阵(VLBA)和SLR国际联测,参加了全球GPS观测网,到2005年已先后召开了五届APSG国际学术会议,在地球参考架、亚太地区地壳形变、海洋和海平面变化、大气和GPS气象学、地球重力场、综合孔径雷达干涉技术等方面取得了不少研究成果。

　　上海天文台作为中国VLBI网总部,除负责VLBI技术发展和中国VLBI网的观测运行,还积极参与国际联合测量。上海天文台已成为以天体物理研究为主的欧洲VLBI网和以天体测量研究为主的国际测地和天体测量VLBI网的正式成员之一,在国际VLBI研究领域发挥着重要作用。2005年初,天文台参加了欧洲VLBI联合研究所(JIVE)负责的"VLBI跟踪惠更斯探测器"项目,上海佘山的25米射电望远镜成功参与了对"惠更斯号"探测器在土卫六上整个降落过程的观测。随着我国 VLBI 研究的国际地位的不断提高、国际影响力的日益增加，JIVE 已正式邀请中科院参加 JIVE 的董事会。

2005 年 12 月 8 日，上海天文台与中国科技大学的"星系和宇宙学联合实验室"揭牌仪式暨实验室第一次学术讨论会在上海天文台举行。双方在已经开展的合作基础上进一步加强科研人员的互访和工作讨论，进一步加强对研究生的联合培养和交流，使合作迈上了一个新的高度。"星系和宇宙学联合实验室"坚持"所系结合"的一贯方针，执行"开放、流动、联合、竞争"的运行机制，瞄准学科前沿、选择特色课题、集中有限资源开展关键领域的研究，推动了"星系和宇宙学"学科的建设与发展，同时建立和培养了一支优秀的学科团队，使实验室成为国内星系形成和宇宙学研究方面的主导力量。

20 世纪初叶，天文学家们就从理论上预言了黑洞的存在。大质量恒星演化到晚期发生坍缩，最终可能形成"黑洞"，物质密度极大，产生的引力可使光线和其他粒子都不能发射出来。从观测上证明黑洞的真实存在是现代天体物理学中最具挑战性的课题之一。随着空间天文和大型天文观测仪器的发展，天文学家已经发现了某些黑洞的候选者。上海天文台沈志强研究员多年从事活动星系核的 VLBI 观测研究，他和合作者利用国际先进的 VLBA 对银河系中心的致密射电源人马座 A*（Sgr A*）进行了高空间分辨率的观测，成功获得其在 3.5 毫米波长上的图像，确定了其直径与地球轨道半径相当，从而推断其密度比任何黑洞候选者的密度都高 1 万亿倍，为黑洞的存在提供了强有力的证据。该研究成果刊登在 2005 年 11 月 3 日出版的英国期刊《自然》上。这是我国在黑洞物理的天文研究领域取得的重要成果。

2006 年 1 月 6 日美国权威学术期刊《科学》登载了论文《银河系英仙臂的距离》，这是上海天文台引进的徐烨博士等 4 位中外天文学家合作完成的。目前世界上分辨率最高的观测手段是 VLBI, 它的等效口径约 8000 多千米。这 4 位科学家使用 VLBI 在 2003 年 7 月—2004 年 7 月的一年内, 5 次观测银河系英仙臂大质量分子云核中的甲醇分子宇宙微波激射(这种辐射在物理上非常类似大家熟悉的激光, 因此有人称它为宇宙激光, 它的亮温度有几千亿度, 有的甚至更高), 他们精确测定了离地球约 6370 光年的一个大质量分子云核的距离和运动速度, 解决了关于银河系旋涡结构中离太阳最近的英仙臂距离的长期争论, 其结果有力地证明了银河系密度波理论。由此, 人类将可以直接测量银河系的大小, 从而逐步揭开银河系的种种"不解之谜"。

上海天文台高度重视人才的吸纳、培养和使用, 积极推出各种吸引优秀人才的措施, 并与国内外一流的天文学家、知名学者以各种方式开展高层次的国内外交流和合作。截至 2005 年, 已有 4 位海外学者来台工作, 并均获得"中国科学院海外杰出学者基金"或"国家海外青年学者合作研究基金"的资助。客座研究员、高级访问学者和博士后人数逐年增加, 带动了知识创新工程重点学科的迅速发展, 已初步形成了具有国际竞争力的科研集群优势。

2005 年 5 月 28 日, 中科院院长路甬祥在佘山天文观测基地视察时说, 上海天文台有着悠久的历史, 曾经为我国的天文事业和科学技术的发展作出了重要贡献, 并在国际上有一定的影响。进行知识创新工程试点以后, 通过加强国际合作, 不断拓宽新的研究领域, 服务国民经济, 满足国家需求, 作出了卓有成效的工作。他殷切希望上海天文台在做好科研工作的同时, 继续承担起自己的社会责任, 发挥自身优势做好科普工作; 通过开放观测台站、编撰科普书籍等多种形式, 普及科学知识, 传播科学思想和方法, 解释天文现象, 破除迷信, 为社会的文明和进步作出贡献。

5. 与时俱进的上海天文博物馆

　　随着时代的发展、科技的进步，为了更好地服务于社会公众的参观需要，上海天文博物馆在仪器设备（展品）添置、陈列内容、布展设计及功能拓展等方面作了尝试和提升。

　　2009 年，在口径 40 厘米折射望远镜观测圆顶下的环廊内增设了天文望远镜发展史展厅，介绍了自 1609 年天文望远镜诞生至今的发展历程，并增加了开放式互动球幕厅，通过球幕电影等手段展现宇宙的绚丽及人类探索宇宙的历程。

　　2013 年，有百年历史的佘山天文台获评"全国重点文物保护单位"。同期，上海天文博物馆也完成了园区改造项目。改造中，清除了涂装于天文台主体建筑外墙的涂料，使建筑物得以"自由呼吸"。同时，重新修缮以"弹格路"为主的园区道路，使整个园区整体恢复了建台初期的风貌。

　　2015 年，天文博物馆的"时间与人类"展室改造成为临展室。首展推出了"诗意星空——罗方扬天文油画展"。随后，"天问智慧 360"科学艺术展、中国首届"同一个世界同一片星空"国际星空摄影展、上海首届"触摸太阳系"陨石专题展、"百年天文老照片展"，以及"丝路星途——一带一路星空摄影展"等专题展览陆续推出。这不仅丰富了展示内容，更满足了公众了解天文之美、感受壮丽宇宙的需要。而基于这些展览，博物馆还安排了多场专题讲座，邀请著名天文摄影师、陨石研究者和收藏家等与公众进行面对面的交流，为这些展览增加了许多看点。

2017 年，博物馆对球幕厅进行了系统的升级改造，使之成为面向公众开放的万维望远镜天象厅。这一改造极大地丰富了播放内容，更使其具备了服务天文科学教育的能力。而基于万维望远镜系统，可以组织相关专题的教学和开发活动，让学生在参与作品开发的过程中夯实基础知识，展现个人创意，也为博物馆资源的积累开辟途径。

博物馆不仅为公众提供可参观的展室，更承担了面向公众组织科普观测活动的职能。博物馆备有多台高精度可移动天文望远镜，为天文科普观测活动提供了设备支持。2009 年，博物馆改造了一个天文科普观测圆顶，内设大口径施密特-卡塞格林望远镜，可用于行星和太阳观测。2015 年前后，博物馆对 1932 年建成的太阳观测圆顶重新进行了修缮，并在圆顶内安装了一套多波段太阳望远镜。通过这台望远镜可同时对太阳多个波段的日面活动进行观察和记录。2020 年，博物馆对科普观测圆顶内的望远镜进行了升级，安装了一台口径达到 40 厘米的 RC 反射望远镜，可对行星、星云和星系等暗弱天体进行观测。在互联网技术的支持下，这台 40 厘米 RC 望远镜与多波段太阳望远镜均可通过网络进行远程控制和远程观测。相关设备在上海天文台青少年科学创新实践站项目的教学及观测实践工作中发挥了重要作用，为学生们的课题研究工作提供了高精度的观测数据，也在提升学生探索兴趣、培养学生实践能力方面发挥了重要作用。

在实体场馆对科普工作发挥重要作用的同时，互联网平台在科普领域同样发挥着越来越重要的作用。上海天文博物馆很早就提出利用互联网手段对天文现象进行网络直播，如在 2005 年 11 月对水星凌日的天文现象进行了网络直播。之后，每逢日食、月食、流星雨等天文现象发生时，博物馆均会有选择地进行网络视频直播。这使得公众足不出户便可在专家老师的指导下，通过专业的天文望远镜对这些天文现象进行观测。

上海天文博物馆成立至今已有十余年。在佘山天文台成立 120 年之际，这座古老的天文台又焕发了新生。在上海市科委和松江区政府的支持下，佘山天文台再次迎来整体修缮，拥有百年历史的 40 厘米折射望远镜及其铁质大圆顶将进行建成以来最大规模的修缮，如对破损部件进行修整更换，并配置接口安装科研级别的 CCD 相机，全面提高这台天文望远镜的观测功能。同时，佘山天文台的主建筑也将进行保护性修缮，以提升其安全性，并对建筑内的展陈进行整体升级改造。通过这些修缮和改造工作，上海天文博物馆在不久的将来，将能更好地讲述天文故事。

附　录

1. 上海天文博物馆星座广场上的 42 个星座表

序 号	拉丁名	符 号	中文名	近似坐标 赤经α (h)	赤纬δ (°)	面 积 （平方度）	星 数 （颗）
1	Ursa Major	UMa	大熊座	11	50	1280	125
2	Aurigs	Aur	御夫座	6	40	657	90
3	Cygnus	Cyg	天鹅座	21	40	804	150
4	Aquila	Aql	天鹰座	20	5	652	70
5	Lyra	Lyr	天琴座	19	40	286	45
6	Pegasus	Peg	飞马座	22	20	1121	100
7	Booter	Boo	牧夫座	15	30	970	90
8	Hercules	Her	武仙座	17	30	1225	140
9	Pisces	Psc	双鱼座	1	15	889	75
10	Aquarius	Aqr	宝瓶座	23	−15	980	90

（续表）

序 号	拉丁名	符 号	中文名	近似坐标 赤经α (h)	赤纬δ (°)	面 积 （平方度）	星 数 （颗）
11	Capricornus	Cap	摩羯座	21	−20	414	50
12	Sagittarius	Sgr	人马座	19	−25	867	115
13	Scorpius	Sco	天蝎座	17	−40	497	100
14	Libra	Lib	天秤座	15	−15	538	50
15	Virgo	Vir	室女座	13	0	1290	95
16	Leo	Leo	狮子座	11	15	947	70
17	Cancer	Cnc	巨蟹座	9	20	506	60
18	Gemini	Gem	双子座	7	20	514	70
19	Taurus	Tau	金牛座	4	15	797	125
20	Aries	Ari	白羊座	3	20	441	50
21	Canis Minor	CMi	小犬座	8	5	183	20
22	Serpens	Ser	巨蛇座	18	−5	637	60
23	Draco	Dra	天龙座	17	65	1083	80
24	Leo Minor	LMi	小狮座	10	35	232	20
25	Equuleus	Equ	小马座	21	10	72	10
26	Vulpecula	Vul	狐狸座	20	25	268	45
27	Delphinus	Del	海豚座	21	10	189	30
28	Canes Venatici	CVn	猎犬座	13	40	465	30
29	Scutum	Sct	盾牌座	19	−10	109	20
30	Camelopardalis	Cam	鹿豹座	6	70	757	50
31	Ursa Minor	UMi	小熊座	15	70	256	20

（续表）

序　号	拉丁名	符　号	中文名	近似坐标 赤经α（h）	赤纬δ（°）	面　积（平方度）	星　数（颗）
32	Lynx	Lyn	天猫座	8	45	545	60
33	Lacerta	Lac	蝎虎座	22	45	201	35
34	Sagitta	Sge	天箭座	20	10	80	20
35	Triangulum	Tri	三角座	2	30	132	15
36	Coma Berenices	Com	后发座	13	20	386	50
37	Corona Borealis	CrB	北冕座	16	30	179	20
38	Perseus	Per	英仙座	3	45	615	90
39	Andromeda	And	仙女座	1	40	722	100
40	Cassiopeia	Cas	仙后座	1	60	598	90
41	Cepheus	Cep	仙王座	22	70	588	60
42	Orion	Ori	猎户座	5	5	594	120

说明：

（1）1928 年，IAU 决定，将全天星空分成 88 个星座，本表只刊登了上海天文博物馆星座广场上雕刻的 42 个星座，其中北天星座 29 个、黄道星座 12 个、南天星座 1 个。

（2）面积指星座在天球上所占的面积，以平方度为单位。

（3）星数指星座内目视星等亮于 6 等，即肉眼能看见的恒星数。

2．上海天文博物馆捐赠者一览表

序　号	捐赠者	捐赠时间	捐赠实物
1	温铁江 （交通部船舶运输研究所高级工程师）	2004年5月	书籍等
2	李晓玉 （中国科学院上海药物研究所研究员）	2004年5月	李珩的遗物、 著作等
3	陈凯歌 （苏州市古代天文计时仪器研究所所长）	2004年7月	千章铜漏 （仿制品）
4	王德昌 （中国科学院紫金山天文台研究员）	2004年8月	古代漏刻 （仿制品）
5	何允 （上海广播电视电影局总工程师）	2004年8月	望远镜、 计算尺与筒等
6	朱文耀 （中国科学院上海天文台研究员）	2004年8月	GPS接收机
7	张明德 （上海新天始国际时钟研究所所长）	2004年8月	世界时钟
8	高準 （中国文学与艺术研究者、教授、诗人）	2004年9月	高平子的著作

3．上海天文博物馆开馆收到的贺电、贺信

（1）中国天文学会贺电

上海天文博物馆：

欣悉拥有中外科学交流丰富史料和实物的上海天文博物馆即将正式开馆，在开馆之际，中国天文学会谨向贵馆表示热烈的祝贺！

随着科学事业的不断发展，尤其近几十年来，我国天文和

航天事业取得了骄人的成绩,极大地提高了人们对天文及科学的兴趣和关注程度。在当代普及天文知识,宣传科学文化和历史具有重要作用与历史意义。同时,在我国最大的城市上海建立天文博物馆也是我国天文界的一件欢欣鼓舞之事。

值此,敬祝贵馆今后在传播天文知识和科学文化的过程中取得辉煌成绩,为我国天文事业的发展作出更大贡献。

中国天文学会

2004 年 11 月 14 日

(2)江苏省天文学会贺信

上海天文博物馆:

正值秋高气爽、金风拂面的时节,在葱茏的佘山之巅,上海天文博物馆开馆典礼隆重举行了。我们谨向你们致以热烈的祝贺。

上海天文博物馆在原佘山天文台的台址上建立,这在我国天文学界和自然科学史界具有重要意义。我们知道,我国古代天文学的发展曾经取得辉煌的成就。在十六、十七世纪之交,西方近代天文学逐渐传入我国。当时以徐光启为代表的先进知识分子开始学习西方天文学。至十九、二十世纪之交,我国的天文学完成了由传统天文学向近代天文学的转轨。在此过程中,佘山天文台所起的作用如同孑然兀立于广阔平野上的佘山一样,非常突出。佘山天文台曾在二十世纪二三十年代两度参加了国际经度联测,成为三个基准站之一,也参加了我国测定太阳视差的爱神星联测。从佘山天文台走出了高平子、李珩等我国前辈著名天文学家。中华人民共和国成立以后,特别是改革开放以来,我国天文事业迅速发展,在佘山建成了 1.56 米天体测量望远镜和 VLBI、SLR 观测站,成为我国天文工作的重要中心。

上海天文博物馆的建立将为天文科普事业发挥重大作用。上海天文台在科学研究不断取得累累硕果的同时,在科普事业上也作出了卓越贡献。前辈如李珩、万籁等先生也是著名的科普活动家。上海天文台的历届领导和同仁,以叶叔华院士为首,历来都十分重视天文科普工作,以向公众普及天文知识,宣传科学的宇宙观、自然观,传播科学方法、科学思想和科学精神为己任,做了大量卓有成效的工作,取得了巨大的社会效益,树立了良好的社会形象。上海天文博物馆的开馆正是这一传统的生动体现和继续发展。它作为上海天文台新的科普基地,必将为上海天文台的科普工作插上新的翅膀,腾空直上,为树立上海国际大都市形象、为我国的天文科普事业和两个文明建设作出新的贡献。

值此开馆之际,我们衷心祝愿它不断取得成就。上海天文博物馆矗立于佘山的顶峰,佘山海拔为 99 米。中国人民历来崇尚 99 这个数,因为它富有象征意义,意味着"永不自满,永远前进"的传统理念和进取精神。我们相信在上海天文台同仁的齐心努力下,上海天文博物馆必将迎来更加辉煌的明天。

此致
敬礼!

江苏省天文学会
2004 年 11 月 16 日

4.上海天文博物馆开馆的新闻报道

(1)《登佘山之巅 观测时间流逝——今天开馆的上海天文博物馆先睹记》

《新民晚报》记者董纯蕾 2004年11月16日

"你要把时光当作一条溪水,你要坐在岸边,看他流逝。"这是黎巴嫩诗人纪伯伦的名句,是今天全新开馆的天文博物馆的序言,也会是新天文之旅最恰如其分的注脚。记者在先睹之旅中,被一切记录时间流逝的元素所打动……

法式小洋楼 见证百年历史沧桑

位于佘山之巅的这栋两层法式洋楼,由法国传教士于1900年兴建,其前身是佘山天文台。104岁的古老建筑里,细枝末节都会在不经意间泄露它的年龄,比如几乎每个房间都有的壁炉。而历史最悠久的是那间全国最古老的天文图书馆,近200平方米内收藏了2万多册天文图书、期刊和手稿等,年代最早的出版于两个世纪以前。

生日换算仪 告诉时间珍贵无比

改建提升后的天文博物馆分时间馆和中外天文学交流展馆两大主要区域。在时间展馆的入口,你会遇见一台生日换算仪,输入你的出生年月日,机器便会算出你的农历生日,所属星座。最有意思的是,它会告诉你:你已降临到这个世界上多少个日夜。年过不惑的人只不过在世上度过了17 000多天。同样在这个展馆里,你可以通过多媒体显示屏了解:100秒、10秒、1秒、0.1秒和0.0 000 001秒各能发生什么事情。所以,要珍惜哦!

帕兰子午仪 两度参加国际联测

中外天文学交流展馆里收藏了一件宝贝：1925 年购于巴黎的帕兰子午仪，它曾经参加 1926 年和 1933 年两次国际经度联测，在北纬 30 度的纬度圈附近，只有上海、阿尔及尔和圣迭戈被选作经度代表。如今，子午仪的正上方是一片人造模拟的星空，想当年那可是真的星空，看得见不同的星先后经过东经 121.4 度，每一颗星代表一个时刻。如果你的钟表显示的时刻和星星代表的时刻不符合，那么一定是您的钟表时间错了，听星星的！

天文望远镜 细心观测浩瀚宇宙

坐落在大圆顶里的 40 厘米折射望远镜，被誉为该馆的"镇馆之宝"，1900 年购于法国，全世界仅两台。在很长一段时间内，它都是"亚洲第一镜"，两次观测到哈雷彗星，并拍摄了大量珍贵的天体照片，直到 1987 年才被上海天文台自行设计的 1.56 米天体测量望远镜所取代。而在天文博物馆里，我们可以看到 7 米长的镜筒是个怎样的庞然大物，天文工作站如何细心观测星星。而更神奇的是，由于宇宙浩瀚，你看到的星光不知是多少年前从另一个星球发出来的呢！

相关链接（略）

天文博物馆是被列入今年市府实事工程的十大科普教育基地中第四个开馆的科普馆。按进度，上海地震科普馆、江南造船博物馆和中国乳业博物馆有望于本月开馆。中医药博物馆、昆虫博物馆和地质博物馆也将如期于年内和市民见面。

(2)《举头望明月　伸手摘星辰——上海天文博物馆先睹记》

《文汇报》记者任荃　2004年11月16日

每当流星划过,生活在城市喧嚣中的上海市民大都会想起一个观星的好去处——佘山天文台。这时,它只是浪漫的代名。也许,你从未花时间真正走进过它的"心脏"——一幢始建于1898年的法式穹顶建筑,但从今天起,修葺一新的它将以上海天文博物馆的身份,期待你的发现与感悟。

星星走我也走

上了山,总是急着登高望远。昨天,当记者来到佘山之巅的天文台,便上气不接下气地直奔其穹顶。听说,被称为镇馆之宝的"40厘米双筒折射望远镜"在那里稳"坐"了整整104年。

穹顶正中央7米长的镜身呈60度倾角高悬于半空,硕大的镜头直指窗外一片蓝天。坐上1米多高的观测椅,才发现这台笨重的大家伙其实是一筒双镜:一台用于人工观测,另一台专门给星星拍照。由于观测常常得花上1小时,而星星月亮又总是"停不住脚",所以科学家们独创了"星星走我也走"的观测法,而望远镜也得不停地转动,以跟上天体的"步伐"。

几位年过七旬的天文专家回忆说,起初,这些全都得靠手动,后来条件改善了,才有了机械帮忙。即便如此,就在20世纪,这位被当代天文学界誉为"远东第一镜"的"幸运儿",曾先后两次"亲眼目睹"了哈雷彗星的回归。其留下的哈雷"倩影"的玻璃底片和照片则被博物馆永久珍藏。

"北京时间"听它的

生活,每分每秒都离不开时间,而有关时间的定义还得知道天上的星辰。博物馆中,一台年近八旬的"帕兰子午仪"可谓是中国近代时间的发布者,最早的"北京时间"全都得它说了算。

子午仪,顾名思义,肯定跟子午线有关。原来,帕兰子午仪所要记录的就是恒星经过子午线的时间。如果把某颗恒星穿越子午线的时间定义为中午 12 点,下一颗经过时定义为 12 点零 5 分,那么,一旦徐家汇天文台里的勒鲁瓦天文钟与子午仪测得的时间稍有出入,科学家们就得按子午仪的测量结果对天文钟进行校正,进而通过电台向全国发布"北京时间"。

除此之外,这台 80 毫米口径的子午仪另有一段骄人回忆。它先后于 1926 年和 1933 年,两次参加国际经度联测。三个在地图上构成等边三角形的城市——上海、阿尔及尔和圣迭戈,一同成为东经 121.4 度的三个基本点。

参观指南(略)

(3)《中国首个实物天文博物馆开馆》

《科技日报》 2004 年 11 月 18 日

1615 年出版的第一本介绍伽利略的中文书籍;第一颗由中国人命名的小行星——清道光皇帝的第六子恭亲王题名的九华星;中国第一张铅笔手绘的木星表面图上大红斑和带纹清晰可辨;26 个国家共计 2 万多册"天文宝典"……这些老古董如今可以让天文爱好者和普通市民一饱眼福了。11 月 16

日下午，国内首个以实物展出为主的上海天文博物馆开馆，近万件珍贵展品展示了中国现代天文学 100 多年的发展历史。

在天文博物馆里放置着"镇馆之宝"，1900 年落户佘山的一架 40 厘米双筒折射天文望远镜。望远镜 7 米多长的金黄色镜筒斜向上伸展，下有直径 4 米左右的圆形轨道帮助科学家随时调整观测方向，追逐目标天体的轨迹。1911 年、1986 年、它曾经记录下哈雷彗星的两次回归。在担负科研任务的 80 余年中，计有 7000 多张珍贵的天文照片存世，是名副其实的"世纪望远镜"。在首次开放的暗房里，市民还可见识到天文照片冲洗的全过程。而在另一宝物"帕兰子午仪"的陈列馆内，"子午仪就是时针，星星就是刻度，以天测时间"的天文知识被直观地"摆"了出来，普通的参观者一看就懂，打开仿真天窗，可与 100 年前的天文学家感受同一片星空。据悉，在实事工程榜上有名的其他科普博物馆也正在积极建设筹备中。

5. 主要参考文献

[1]佘山天文台. 佘山天文台年刊.1907－1942, 1－42.

[2]李珩. 五个银河星团的照相研究. 天文学报.1954, 2(1).

[3]李珩. 天文实习手册.1954.

[4]罗定江. 徐家汇观象台的授时工作. 天文学报.1955, 3(2).

[5]李约瑟, 王铃, D. J. 普拉斯. 中国的天文钟. 科学通报.1956, 6.

[6][法]C. 弗拉马里翁. 大众天文学. 李珩, 译. 北京：科学出版社, 1965.

[7]上海市教育委员会教学研究室. 上海乡土历史. 上海：上海教育出版社, 1979.

[8]中国大百科全书总编辑委员会《天文学》编辑委员会.中国大百科全书·天文学.北京：中国大百科全书出版社,1980.

[9]阎林山,马宗良.鸦片战争前在中国传播天文学的传教士.上海天文台台刊,1982,4.

[10]沈祖耀.1926年上海徐家汇经度测定试验.中国科技史料,1983,5(2).

[11]万籁.欢迎您！哈雷彗星.上海：知识出版社,1985.

[12]李珩.简明天文学词典.上海：上海辞书出版社,1986.

[13]北京天文馆.中国古代天文学成就.北京：北京科学技术出版社,1987.

[14]华声,杨义.旅游与天文.北京：中国旅游出版社,1987.

[15]郭盛炽.中国古代的计时科学.北京：科学出版社,1988.

[16]陈鹰.高鲁对中国天文学史的研究.中国科技史料,1989,10(2).

[17]吴美霞.中国天文学简述.中国科技史料,1989,10(3).

[18]张明昌.宇宙索奇.南京：江苏少年儿童出版社,1991.

[19]陆敬严,钱学英等.中德科技交流的先驱——汤若望.中国科技史料,1993,14(2).

[20]王绶琯,须同祺.绘图天文辞典.上海：上海辞书出版社,1994.

[21]李迪.简述江南制造局天文台.中国科技史料,1995,16(4).

[22]中国科学院学部联合办公室.中国科学院院士自述.上海：上海教育出版社,1996.

[23]卞德培,张元东.生活中的天文学.北京：人民出版社,1997.

[24]张建卫,毛亚庆.在佘山建一个天文博物馆如何.上海科坛.1998,6.

[25]洪韵芳.天文爱好者手册,成都：四川辞书出版社,1999.

[26]余明.简明天文学教程.北京：科学出版社,2001.

[27]张建卫,杨福民.精勤司天.2003.

[28] 上海市科普教育基地联合会.上海科普精品集,上海：上海科学普及出版社,2003.

[29] 刘学富.基础天文学.北京：高等教育出版社,2004.

[30] 陈平.魂归佘山的少林武僧.云间文博.2005,1.

[31] 潘鼐.中国古天文仪器史.山西：山西教育出版社,2005.

[32] 熊月之.上海明人名事名物大观.上海：上海人民出版社,2005.

[33] 王德昌,张建卫.时间雕塑——日晷.安徽：安徽科学技术出版社,2006.

[34] 金文敬,唐正宏等.天文底片保存和我国天文底片数字化的建议.天文学进展,2007,25(1).

[35] 陈克宏,寿子琪.追寻科技创新的足迹.上海：文汇出版社,2008.

[36] 黄树林.重拾历史碎片.上海：上海戏剧出版社,2010.

[37] 上海市科普教育基地联合会.十年有痕.上海科普教育,2011,35.

[38] 中国科学院上海天文台.中国科学院上海天文台台志(1872.10 — 2012.12),2012.

说明：

[1]、[3]、[27]、[38]为中国科学院上海天文台内部印刷的刊物。

有感《上海天文博物馆巡礼》

大约在 2001 年前后，伴随着新世纪到来的脚步，上海博物馆行业掀起了一股蓬勃发展的热潮，不仅有传统意义上的博物馆的新建，还涌现了为数不少的跨行业科技型、收藏型中小馆。一座崭新理念中的上海天文博物馆也随之开始浮出水面。

时任中科院上海天文台佘山工作站站长的张建卫先生是催生这一成果的创意者。

当时我们彼此素不相识，在首届上海市行业博物馆研讨会召开之前初次交谈后，张先生给我留下的印象是一位抱着一大堆天文资料的中年科技工作者，来匆匆去急急，短暂的来访中没有任何寒暄客套，95% 的谈话内容是如何建一座全中国还未曾有过的"天文博物馆"。尽管我们一群人对天文知识的了解几乎是零，但听其言，感其情，我们一开始就坚信这样一座新型的博物馆定能通过张先生诞生于佘山。

两年之后，我们召开了第二届上海市行业博物馆研讨会，张先生等几位老师的"天文博物馆"已从设想转为蓝图。我们又一次详细探讨，尽情交流。荣幸的是，我们通过竞争又成了天文博物馆的设计布展单位。机会往往青睐有准备的人，我们携手工作，终于使上海天文博物馆于 2004 年 11 月在古老的佘山天文台基础上崛起。开馆一年多的实践证明：这是一座优秀的独特的科普型博物馆，受到了广大观众的好评。

张建卫先生的一个好的创意带出了一座好的博物馆，进而又带出了一本好的科普读物。由德高望重的科学家叶叔华院士作序的《上海天文博物馆巡礼》，将再次为广大读者献上一道科普大餐。这是十几位长年在上海天文台工作的专家学者共同心血的结晶，也是一条行之有效的科学文化事业链，研究出成果，成果促学术，如此循环往复，从而推动天文学的不断发展。

作为天文博物馆陈列布展的设计施工者之一，我们见证了"天翻地覆"的全过程。我们时常为七八十高龄的老师们极端认真负责的精神所感动，尤其是叶叔华院士在高温酷暑的盛夏多次亲临施工现场，关心着天文博物馆的建设。她和蔼可亲地与工人们一一握手，勉励大家完成好市府科普实事工程。相信中国一定会诞生更多懂艺术的科普工作者和更多懂科普的艺术工作者，为打造上海现代化大都市的文化事业和博物馆事业携手并进。

李玉棠

上海大唐博物馆艺术研究所

2022 年 10 月 8 日

编后语

　　《上海天文博物馆巡礼》一书的策划始于上海天文博物馆的筹建阶段，也得到上海市科委有关同志的积极支持。在上海天文博物馆的建设过程中，筹建组成员在努力完成建设任务的同时，留心搜集与本书有关的资料，在上海天文博物馆开馆后，为了更详细、更全面反映佘山天文台的变迁，经过一年的持续努力，才完成了本书的编写工作。

　　众所周知，天文学就是探索宇宙奥秘的科学。宇宙以其广漠深邃、充满难以破解的秘密吸引着人们探索的目光。天文学不仅拥有以毕生精力为其奋斗的专业天文工作者，还拥有千千万万的天文爱好者，它对广大青少年更具有强烈的吸引力。天文科普工作也就成为天文学发展过程中不可或缺的组成部分。上海天文台一贯重视天文科普工作，已故著名天文学家李珩台长、陈遵妫先生、苗永瑞院士、万籁先生等都是热忱的天文科普专家，是向公众传播天文科学知识的带头人。叶叔华院士、朱能鸿院士和上海天文台的领导与许多天文工作者，对上海天文博物馆的建设和本书的编写都给予了始终如一的关怀和支持，这也是本书编写工作得以顺利进行的根本保证。

　　中国天文学的历史源远流长、博大精深。《上海天文博物馆巡礼》一书力图继承上海天文台老一辈科学家传播天文科学知识的光荣传统，系统地介绍100多年来，上海近现代天文学的诞生和发展过程，并尽可能普及相关的天文知识，宣传科学的自然观、宇宙观，为推广科学方法,树立科学思想、传播科学精神作出贡献。本书虽然仅反映了上海近现代天文学短短的一段历史,但其背后的内容、文物、图书资料已极为丰富。上海天文博物馆因展室面积有限,不足以向人们展示这段历史的全貌,尚有待于进一步完善。本书意在弥补上海天文博物馆展示的不足,向大众作更详细的全面介绍。期望人们在参观上海天文博物馆后阅读本书能深化对有关内容的理解,了解更多的有关知识,弥补参观过程中可能存在的遗憾。通过本书,人们也可以了解人类为探索宇宙奥秘所迈出的艰难而坚定的步伐,感受上海在形成现代化城市的过程中海纳百川的文化氛围。

本书主要由张建卫负责组织策划、撰写与统稿,李之方、郭盛炽、钱汝虎等老师参与撰写,侯金良、李玉棠、姚保安和唐正宏老师负责审阅和修改,毛亚庆、刘鹏远参与部分审阅。阎林山为本书提供了大量历史资料,对本书撰写有相当的贡献;陆荣贵同志参与本书历史资料的收集整理和大部分照片拍摄;马宗良同志认真寻找到并证实和确认了许多具有文物价值的展品,使本书的内容更为充实丰富。在本书酝酿和撰写的过程中,大家同心协力,认真负责,提出了许多富有建设性的建议,使本书能日趋完善。本书从开始策划、资料收集、编写提纲目录和撰写内容,注入了参与者的大量心血,尤其是老天文工作者日夜忙碌的身影和无私奉献的精神,特别令人敬佩。我希望读者能喜爱这本来之不易的书,希望它能成为参观天文博物馆的配套辅读材料,成为广大天文爱好者喜爱的科普读物。

饮水思源,借此机会我要衷心地感谢所有关心与支持上海天文博物馆建设和参与本书编写及出版的同仁们:

特别感谢上海天文台叶叔华院士长期以来热心支持天文学的普及工作。在本书撰写的过程中,她给予编撰者们极大的支持、鼓励与帮助。叶叔华院士不仅在百忙中为本书撰写了序言,还仔细审阅了全稿,给予了许多精心指导,使我们获益匪浅。

十分感谢原上海科技发展基金会的浦清秘书长、原上海市科委的李健民总工程师和郁增荣处长对上海天文台的科普工作、上海天文博物馆的建设给予的鼎力相助。

感谢廖新浩、洪晓瑜等原上海天文台领导以最包容的胸怀和开放的姿态为编者们撰写本书提供了宽松的环境,给予了大力支持与帮助,使本书得以与读者见面。

感谢何妙福、刘鹏远两位原上海天文台副台长和阎林山、姚保安研究员、南京大学萧耐园教授等在百忙之中为天文博物馆的建设和本书的编写提供了很多珍贵的信息,并与编者们进行了有益的讨论。

感谢温铁江、李晓玉、陈凯歌、王德昌、何允、朱文耀、张明德、高凖等8位老前辈的无私奉献,慷慨捐赠具有科技内涵、历史意义的收藏品,为上海天文博物馆增添了丰富多彩的展品。

感谢马宗良、许瑾丽、卢仙文、万宁山、陆菊英、唐美贤、董惠芳、孙玉芳、姚大中等同志对天文博物馆的建设和本书的编撰所提供的热情帮助。

感谢赵君亮、蔡际人、杨福民、沈兆雷、毛亚庆、寇文蔚、徐绥迪等同志对我在佘山工作期间的热情支持、帮助和指导,为创建上海天文博物馆创造了良好的基础条件和工作氛围。

星空的魅力是无穷的,上海天文博物馆也应该是充满吸引力的。忆当年,彗木相撞、流星雨、彗星、日月食等众多特殊天象曾经让人们一次又一次在这里流连忘返。相信《上海天文博物馆巡礼》一书的出版,会使人们对上海天文博物馆有更多的了解,唤醒人们更清晰的记忆。

鉴于我的学识有限，文字功力不足，本书疏漏甚至错误之处难免，诚挚地恳请专家和读者提出宝贵的批评和指正，不胜感谢！

本书写作中参考和借鉴了有关的资料和科研成果，谨在此一并深表谢忱。

张建卫

中国科学院上海天文台

2022 年 10 月 8 日